做个出类拔萃的男孩

张剑秋 吴春平◎编著

中国商业出版社

图书在版编目（CIP）数据

做个出类拔萃的男孩 / 张剑秋，吴春平编著 . — 北京：中国商业出版社，2011.7

ISBN 978-7-5044-7353-0

Ⅰ．①做…　Ⅱ．①张…　②吴…　Ⅲ．①男性—成功心理—通俗读物　Ⅳ．B848.4-49

中国版本图书馆 CIP 数据核字（2011）第 124913 号

责任编辑：李志敏

中国商业出版社出版发行

010-63180647　www. c-cbook. com

（100053　北京广安门内报国寺 1 号）

新华书店经销

天津冠豪恒胜业印刷有限公司印刷

*

710 毫米 ×1000 毫米　16 开　16.5 印张　220 千字

2012 年 2 月第 1 版　　2020 年 4 月第 2 次印刷

定价：48.00 元

*　*　*　*

前言

男孩，应该拥有阳刚、坚强的气质，懂得更多的生活哲理，让自己文武双全，颇有大将的风范；男孩，应该拥有激励自己前进的力量，变得更富智慧、更聪明，在面对挫折、彷徨、悲伤的时候能拥有勇气和希望。

可是，现在男孩中普遍存在这样一种现象，那就是缺乏自主性、缺乏自我意识。原因何在？就在于父母精心为男孩建造了温室，使男孩独立生活的能力退化殆尽了。他们失去了独立思考和承担责任的机会，遇到任何困难就只会找父母帮忙，依靠父母来解决。这样的男孩将来很难在竞争激烈的社会环境中站稳脚跟。男孩终究会长大成人独自闯荡社会，他的未来将会面临巨大的挑战和压力。现实不相信眼泪，成功只能凭实力。

其实，和女孩相比，男孩将来所承担的社会责任以及家庭责任会更大，面临的竞争也会更激烈。而每个男孩都渴望自己能够成功。鉴于此，男孩从小就应该有意识地培养自己各方面的能力和技能，使自己更加出类拔萃，以待将来能更适应社会。

要做个出类拔萃的男孩，其学习的进步、气质的培养、习惯的养成等，都离不开谆谆的教诲、循循的诱导和充满智慧的指点。于是，我们编撰了《做个出类拔萃的男孩》一书，送给那些渴望成功的男孩。

如果你没有方向，如果你正遭遇烦恼、挫折，如果你感到疲倦，请打开《做个出类拔萃的男孩》。一个个催人奋进的小故事，给你战胜自我的勇气，伴你前行。相信自己，心有多大，舞台就有多大！

相信看过本书后，你一定能够成为一个性格坚强、勇敢果断、自信自强、不怕困难、豁达乐观、宽容大度的男子汉！

第一辑　男孩子就要有野心

第二辑　男孩子就要有胸怀

第三辑　男孩子就要有毅力

第四辑　男孩子就要有激情

第五辑　男孩子就要有原则

第六辑　男孩子就要有好性格

第七辑 男孩子就要有好习惯习惯

第八辑 男孩子就要有好心态

第九辑　男孩子就要有高情商

第一辑

男孩子就要有野心

一个男孩若想获得巨大的成功，就必须具备“野心”。“野心”是你成功的动力，美好的愿望吸引你为实现它而努力不止。每当你懈怠、懒惰的时候，“野心”就犹如清晨叫早的闹钟，将你从梦中叫醒；每当你感到疲惫、步履沉重的时候，它就犹如沙漠中的绿洲，让你看见希望；每当你遇到挫折、心情沮丧的时候，它又犹如破晓的朝日，驱散满天的阴霾。在“野心”的驱策下，你能不断地激励自己，获得精神上的力量，焕发超强的斗志。能执著自己“野心”的男孩很难被打败，也一定是个出类拔萃的男孩。

突破了第一次，才会有下一次

想成功是男孩的愿望，怕失败是男孩的弱点，胆怯是成功的障碍。“第一次”往往都是困难的，不少男孩会产生畏难情绪，而成功的秘诀，首先是必须在心理上战胜自己！只有突破了第一次，才可能会有下一次。

克里蒙·斯通很小的时候父亲就去世了。他年少时就在芝加哥南区卖报挣钱补贴家用。有一天，他去一家餐馆卖报，好几次被餐馆的人踢着屁股赶了出来，但他咬着牙还是一再地溜了进去。餐馆里的客人见他人小胆子大，便劝说餐馆的人不要再踢他出去。这件事令他终生难忘。

斯通十来岁的时候，他母亲将替人缝洗衣服所攒的一点钱，投进了底特律一家保险经纪社，其业务是替保险公司推销人身意外险和健康保险。经纪社每推销出一份保险就可以得到一笔佣金，这是经纪社里唯一的收入来源。经纪社只有一间租来的破破烂烂的房子，也只有一个推销员，即斯通的母亲。刚开始，一连好多天，她一点业绩也没有。后来，她想碰碰运气，去了底特律最大的一家银行，令她高兴的是，一位高级职员买了一份保险，还准许她在大楼里自由走动，结果那天她成功地向44个人卖出了保险。

斯通的母亲所在的小经纪社终于发展起来了。这一年，16岁的斯通还在念中学，那年夏天的假期，他想试着替母亲出去推销保险。他母亲安排他去一栋大楼，并把推销方法从头到尾向他交代了一遍。当到了大楼前，他却犯怵了，迟迟不敢进去。他想起了当年卖报纸时被人踢出来的情景，浑身不由自主地哆嗦，他只好在大楼外的人行道上站着，以竭力控制自己的情绪。他一边紧张地发抖，一边强打起精神，默默念着自己做事的座右铭："如果你做了，没有损失，还可能有收获，那就下手去做吧！马上就做！"就这样，他壮着胆子走进了大楼。

幸运的是，斯通没有被踢出来。他去了每一间办公室，共推销出了两份保险。单看数量的确不多，只能赚几美元的佣金，但在推销体会上却收获不小。他回家的时候，可以说是心满意足。他知道自己有战胜畏难的勇气，而且他还想出了克服畏惧的办法。

第二天，斯通卖出了4份保险。

第三天，又卖出了6份。

斯通的事业开始了。他在那个假期及此后的业余时间里，居然创造了一天10份的好成绩，后来一天15份，20份……

期通走遍了密歇根，每天的平均纪录是30份，有时高达40份。

斯通20岁的时候，又回到他的出生地芝加哥，他在那里开了一家保险经纪社——"联合登记保险公司"，全公司只有他一人。开业的第一天，他卖出了54份保险，这使他信心十足。不久，他陆续将推销的范围扩展到了其他地区，销售份额一天比一天多，最高曾创造了一天122份的纪录！

斯通创业4年之后担任美国联合保险公司董事长，手下拥有5000名推销员，销售额累计2.13亿美元。他的员工中有200多人也成为了百万富翁。经过一步一步努力，克里蒙·斯通最终成为美国保险业巨子。

别受规矩约束

唯有敢于打破陋俗，勇于质疑陈规的男孩，才能在历史中脱颖而出，成为时代进步的先锋。别受规矩约束，另辟一条蹊径，你的人生也会因此不同。

18世纪末，欧洲政坛风起云涌。在这个过程中，出现了一位最没有规矩的人物——拿破仑。

他从政没有规矩：一个没有贵族血统、没有门第背景的人，却靠娶了一个有钱的寡妇，挤进了法国政坛；他打仗没有规矩：别人都是列着队敲着鼓走到跟前了再放枪，可他打仗是先用大炮轰，然后再让骑兵冲上去一顿乱砍；他用人没有规矩：除了法国，当时没有任何一个欧洲国家的元帅是鞋匠木工小摊贩，可他的26位元帅中，有24位出身于此类平民；他甚至连加冕都没有规矩：别的皇帝都是跪下让教皇把王冠给自己戴上，他竟然是站起来抓过王冠，自己给自己戴上的。

总之，如同当时欧洲的贵族们怒斥的那样：拿破仑是世界上最没有规矩的人！但是他们又不得不臣服于拿破仑，并且按照拿破仑给他们制定的规矩生活，因为按照他们自己的规矩，他们打不过拿破仑。拿破仑的铁蹄踏遍了整个欧洲，欧洲历史上所有的军事强国全都一一败在他的手上……

明确目标，执著奋斗

如果男孩能给自己的未来一个明确的计划、一个宏伟的蓝图，让未来明明白白地写在纸上，那么，未来将不再遥不可及。最重要的一点是，有了规划，就要彻底执行，并且要有面对问题和挑战的勇气。若因循苟且，你的规划绝对会大打折扣，甚至根本不可能实现。

在美国的一个小酒吧里，一个小伙子在弹钢琴，他看起来很年轻。说实话，他弹得相当不错，每天晚上都有不少人慕名而来，认真倾听他的弹奏。一天晚上，一位中年顾客听了几首曲子后，对那个小伙子说："我每天来听你弹奏，都是这些曲子，你不如唱首歌给我们听吧。"这位顾客的提议获得了很多人的赞同，大家纷纷要求小伙子唱歌。

然而，那个小伙子面对大家的请求却变得腼腆起来，他抱歉地对大家说："非常对不起，我从小就开始学习弹奏乐器，从来没有学习过唱歌。我长年累月地坐在这里弹琴，恐怕会唱得很难听。"那位中年顾客却鼓励他说："小伙子，正因为你从来没有唱过歌，或许连你自己都不知道你是个歌唱天才呢！"此时酒吧的经理也出来鼓励他，免得他扫了大家的兴。

小伙子认为大家想看他出丑，于是坚持说只会弹琴，不会唱歌。酒吧老板说："你要么选择唱歌，要么另谋出路。"小伙子被逼无奈，只好红着脸唱了一曲《蒙娜丽莎》。哪知道他不唱则已，一唱惊人，大家都被他那流畅自然、男人味十足的唱腔迷住了。在大家的鼓励下，那个小伙子放弃了弹奏钢琴的艺人生涯，开始向流行歌坛进军。这个小伙子后来居然成了美国著名的爵士歌王，他就是著名的歌手纳京高。要不是那被逼无奈地开口一唱，纳京高可能会永远坐在酒吧里做一个三流的演奏者。

我们应该相信，自身蕴藏着许多资源，应该寻找最适合自己的位置，并对自己的兴趣保持一份坚定与执著。

男孩儿，要想长大有所成就，现在就应该明确自己的定位！不怕别人的鄙夷，就怕你自己找不到自己的方向。谁说你不能取得非凡的成就？除非你自己！没有人能够给你的人生下任何的定义。你选择怎样的人生平台，将决定你拥有怎样的人生。

成功就在你胜任的地方

对于男孩儿来说，如何选择正确的人生方向，有一条重要经验：从自己最熟悉的地方起步，因为成功就在你胜任的地方。今天你站在哪里并不重要，重要的是你下一步该迈向哪里。方向正确，永远比跑得快重要。条条道路通罗马，也通向任何你并不想去的地方。方向错误，哪怕你奔波劳碌，不眠不休，终其一生，也不能到达你向往的地方。反之，只要方向正确，你也许用不着那么辛苦，也能比别人更快地到达成功的彼岸。

佐川清出生于日本一个富裕家庭，8岁那年，母亲因病去世。他跟继母的关系不好，中学没毕业，就赌气离家出走，到外面自谋生路。

最初，他在一家速递公司当脚夫。那时的快递公司一般没有运输工具，主要靠搭车和走路，对体力要求比较高，非常辛苦。

当了20年脚夫后，佐川清35岁了。他想，自己年龄不小，应该拥有一份属于自己的事业。干什么好呢？别的行业他不懂，最好还是从自己最熟悉的行业开始。于是，他在京都创办了“佐川捷运公司”。公司只有一位老板和一位员工，都是佐川清自己。公司的资产是他强壮的身体。应该说，这是真正的白手起家，从零起步。

佐川清的优势是，他在这一行已有20年的经验，知道怎样拉生意和跟客户打交道，也知道怎样把事情做好。度过最初的艰难时期后，他成功地打开了局面。

后来，他承接的生意越来越多，一个人忙不过来，开始雇用职员，还买了两辆旧脚踏车做运输工具。

再后来，“佐川捷运公司”发展成一个拥有万辆卡车、数百家店铺、电脑中心控制、现代化流水作业的货运集团公司，垄断了日本的货运业，并且将生意做到国外，年营业额逾3000亿日元。佐川清本人也成为日本著名财阀之一。

在一般人看来，当脚夫是比较低贱的职业，不可能有出息。其实，天下没有什么低贱职业，只要你做得比别人更好，在任何行业你都能成功。

怎样比别人做得更好呢？勤奋与敬业必不可少，但只有这两条还远远不够。你最好把努力方向定在自己的强势项目上。

对于很多男孩而言，你的天赋即是你的强势项目，这是你最容易出成果的地方。放开你手中做的事情，思考一下自己究竟想要做什么，究竟适合做什么，这比什么事情都重要。

扎根泥土，获得尊重

男孩不要把名利看得太重，把名利看得太重很容易钻牛角尖。因为得不到名利时会变得痛苦，得到名利时也会失去很多有价值的东西。有这样一句话说得好："宠辱不惊，看庭前花开花落；去留无意，望天上云卷云舒。"人生在世应该宠辱不惊，得志时不会得意忘形，乐极生悲；失意时不会萎靡颓丧，一蹶不振。这样就不会有受挫折时凄凉和得意的狂热，可以排除干扰而专心朝着自己的目标去耕耘，正所谓"淡泊才能明志，宁静才能致远。"

法国著名画家米勒，年轻时迫于生计，以画女人裸体画而小有名气，并且以此来赚钱维持生活。一天黄昏，米勒路过一个陈列橱窗，忽然听到正站在橱窗前观看橱窗里陈列的绘画作品的两个青年的对话，一个说："这幅画画得太糟糕了，叫人厌恶极了。"另一个说："可不是，这个米勒除了会画裸体女人之外，什么也不会画。"米勒听了这些话，如同五雷轰顶，他感到头晕目眩，羞愧难抑。回家之后，他心情激动地对妻子说："我决定以后不再画裸体画了，即使我们的生活会因此过得很苦，也必须坚持做到这一点。"

因为当时的巴黎，画女人裸体画还可以赚一些钱维持生活，如果画其他的画往往一幅也卖不出去的。米勒选择了宁肯挨饿，也不画裸体画的道路。不久，他又用商量的口气对妻子说："我已经厌恶巴黎了，我想回到农村去，住到农民中间去。”妻子同意了，于是他们一家离开了巴黎，移居到巴比松定居下来。

一个寒风凛冽的冬夜，米勒的一个朋友去米勒家看他，只见米勒蜷缩在暖炉旁，原来他已经有两天没吃东西了，只有几个孩子在吃面包屑。那位朋友心酸地把自己身上的钱都留给了米勒，让他赶快去买面包。米勒一家在巴比松大森林一间风雨飘摇的小屋里一住就是27年，米勒一面在园子里种地，一面坚持画画，维持着最低的生活标准。他熟悉附近的农民，和他们有着深厚的感情。他在画中画出了农民劳动的艰苦，农民生活的辛酸。多年来，米勒的作品一幅幅寄到巴黎去，却总是一次次被退回来，因为他的画根本不符合贵族们的胃口，上流社会对这个整天与泥土打交道的人不屑一顾，他们嘲笑米勒是一个生活在森林中的野人。但米勒坚定地说：“我不会向他们屈服，我不会把巴黎的沙龙艺术强加在自己身上。我生来是个农民，到死也要做个农民。”他把自己的人生目标定位在揭示艰苦劳动与凄惨苦役中的生命之美。他在艰难贫困的生活中，创作出了一大批农民题材的作品，像《晚钟》、《扶锄的农妇》、《播种人》等，表现了农民的辛勤劳苦，揭露了社会给他们带来的贫困。

米勒一生贫困潦倒，死后作品却越来越受欢迎和重视，他被人们称为“庄稼汉的但丁、乡巴佬的米开朗琪罗”，这个评价应该说是很公正的，因为米勒是真正的农民画家。他的绝大部分作品都是表现农民题材，因为他了解农民，对他们富有感情。

不死的理想

一个男孩如果贪图安逸和享乐，只是猪栏的理想；而对善、美和真的不懈追求，才是不死的理想。也只有不死的理想，才是永恒的光芒！

1955年4月13日，已到暮年的爱因斯坦还在坚持工作。突然他感到右腹阵阵剧痛，同时还出现了别的不祥之兆。医生们迅速赶到，会诊结果是主动脉瘤，并建议他立刻动手术进行治疗。

爱因斯坦婉言谢绝了。在1945年和1948年，他接连做了两次大手术之后，已经发现主动脉上有一个瘤。他有预感，这个致命的定时炸弹即将爆炸了，自已也应该走了。

第二天，心脏外科专家格兰医生从纽约赶来。尽管他知道爱因斯坦很虚弱，开刀会有危险，但他还是建议开刀，因为这是唯一的抢救方法，别无选择。

爱因斯坦苍老的脸上浮现出疲倦的微笑，摇摇头说："不用了。"

格兰医生又一次警告他："那个主动脉瘤随时都可能破裂，"

爱因斯坦镇静地说："那就让它破裂吧！"

4月16日，爱因斯坦病情恶化，住进了普林斯顿那家小小的医院。一到医院，他就让人把他的老花眼镜、钢笔、一封没写完的信和一篇没有做完的计算题送过来。他在病床上欠了欠身子，戴上老花镜，从床头柜上抓起了笔。还没开始工作，他就倒了下去。宽大的布满皱纹的额头上冒出一片汗珠，他那支用了几十年的钢笔从手里滑落到地上，他实在是没有一点力气了。

4月17日，星期五，爱因斯坦的感觉似乎稍微好了一些。儿子汉斯坐飞机从加利福尼亚赶来看父亲；女儿玛戈尔因病与父亲住在同一个医院，坐着轮椅也来看父亲；还有许多朋友、同事都来看望他。他平静地对儿女、朋友和同事说："这里的事情，我已经做完了。没什么，别难过，人总有一天要死的。"

1955年4月18日1时25分，爱因斯坦因腹腔主动脉溢血而与世长辞。

巨星陨落了！电讯传遍地球每一个角落："当代最伟大的物理学家爱因斯坦逝世，终年76岁。"

爱因斯坦在遗嘱中说，我死后，除护送遗体去火葬场的少数几位最亲近的朋友之外，其他人一概不要打扰。不要墓地，不立碑，不举行宗教仪式，也不举行任何官方仪式。骨灰撒在空中，和宇宙、人类融为一体。切切不可把我居住的梅塞街112号变成人们"朝圣"的纪念馆。我在高等研究院里的办公室，要让给别人使用。除了我的科学理想和社会理想不死之外，我的一切都将随我一起死去。

那么究竟什么是爱因斯坦不死的理想呢？爱因斯坦在《我的世界观》一文中作出了这样的明确阐述："每个人都有一定的理想，这种理想决定着他的努力和判断的方向。在这个意义上，我从来不把安逸和享乐看做是生活目的本身——这种伦理基础，我叫它猪栏的理想。照亮我的道路，并且不断地给我新的勇气去愉快地正视生活的理想，是善、美和真。"

思想有多远，就能走多远

人生像一条没有尽头的漫漫长路，你能走出多远，并不要问你的双脚，而是要问你的心。不屈的思想与追求是你唯一的路灯，思想有多远，男孩就能走出多远。

四十多年前，一个出生在贫民窟里的十多岁的穷小子，在日记里发誓长大后要做美国总统。但如何实现这样宏伟的抱负呢？年纪轻轻的他，经过几天几夜地思索，拟定了一系列的连锁目标。

要做美国总统，首先得做美国州长→要竞选州长，必须得到雄厚财力后盾的支持→要获得财团的支持，就一定得融入财团→要融入财团，最好娶一位豪门千金→要娶一位豪门千金，必须成为名人→成为名人的快速方法，就是做电影明星→做电影明星前，得练好身体、练出阳刚之气。

按照这样的思路，他开始步步为营。某日，他看到著名的体操运动主席库尔后，相信练健美是强身健体的好点子，就萌生了练健美的兴趣。他开始刻苦练习，渴望成为世界上最结实的壮汉。三年后，借着发达的肌肉，一身似雕塑般的体魄，他成为健美先生，并囊括了欧洲、世界、全球、奥林匹克的健美先生。

22岁时，他踏入了美国好莱坞。在好莱坞，他花费了十年，利用在体育方面的成就，一心去表现坚强不屈、百折不挠的硬汉形象。终于，他在演艺界声名鹊起。当他的电影事业如日中天时，女友的家庭在他们相恋九年后，终于接纳了这位“黑脸庄稼人”。他的女友就是赫赫有名的肯尼迪总统的侄女。

婚姻生活恩爱地过去了十几个春秋。他与太太生了四个孩子，建立一个“五好”家庭。

2003年，年逾五十七岁的他，告别影坛，转为从政，成功地竞选成为美国加州州长。

他就是阿诺德·施瓦辛格。他的经历让人记住了这样一句话：思想有多远，我们就能走多远。

是金子总要发光

乌云遮不住太阳的光辉，金子总是要发光的。擦去蒙在金子上面的浮尘，它依旧光灿照人。男孩的才能可能暂时没有被人发现，那也不必灰心。既然世间有千里马，就一定有伯乐！

通常，华文报刊和出版社在处理退稿时，对作品的评价语气都比较委婉。相比之下，外国作者就没有这么“幸运”了。稿件被退还之余，还不免被编辑“直言相告”不足之处。即使是一些后来成为诺贝尔文学奖得主的名家也遭遇过这种情况。

叶芝（1865—1939），爱尔兰诗人。1923年诺贝尔文学奖得主，被退作品为1895年的《诗集》。编辑说他的作品“念起来毫不悦耳，又不燃烧想象力，而且不启迪思考”。

萧伯纳（1856—1950），爱尔兰剧作家。1925年诺贝尔文学奖得主。被退作品为其代表作《人与超人》。编辑说他“永远不会成为一般人心目中的流行作家，甚或一个子儿都赚不到”。

高尔斯华绥（1867—1933），英国小说家。1932年诺贝尔文学奖得主。被退作品为其代表作《福尔赛世家》第一部。编辑在评语里写道：“作者写这部小说纯属自娱，全不理会广大的读者，因此可以说毫无畅销书素质。”

福克纳（1897—1962），美国小说家。1949年诺贝尔文学奖得主。被退作品为其代表作之一《避难所》。出版商说：“老天爷，如果出版这本书，我们要一块去坐牢。”

海明威（1899—1961），美国小说家。1954年诺贝尔文学奖得主。被退作品为短篇小说集《春潮》。出版商说：“如果出版这本书，那我们不但会被视为品位低下，甚至会被视为异常残忍。”

贝克特（1906—1989），法国戏剧家及小说家。1969年诺贝尔文学奖得主。被退作品为其小说代表作《马龙死了》。编辑认为这部小说“毫无意义，又不好玩……其真正的毛病大概就是沉闷吧”。

羊格（1904—1991），美国小说家。1978年诺贝尔文学奖得主。被退作品为《在父亲那里》。评论是“太过平凡”。

戈尔丁（1911—1993），英国小说家。1983年诺贝尔文学奖得主。被退作品为其代表作《蝇王》。评论是“你未能将现有潜质的构思成功地发挥出来”。后来戈尔丁以此书获得诺贝尔奖！

勇于向未知的事物挑战

每个男孩都应该明白这样一个道理：不论酸辣苦甜，没有千千万万个第一，没有古今中外敢尝第一个成功果子的人，便没有我们今天的文明。所以，勇于向未知发出挑战，你就可能成为优秀的人！

古人曰："九层之台，起于累土；千里之行，始于足下。"没有第一，何来后者?

许多男孩很小就对自己的将来有着无数美好的遐想。有人想自己有朝一日成为科学家，有人想成为艺术家，还有人想成为军人、干部、教师、律师、记者、医生……那么他们是否都能"心想"而事成呢?

倘若真能"心想"而"事成"，真能顺利地实现自己的理想，那当然再好不过了。可是，有时现实总喜欢与你的主观愿望唱反调。因为主观符合客观是一个复杂的过程，所以"心想"而事不成，或者"心想"事难成的情形则屡见不鲜。

心想未必事成，有多种多样的原因。人们常说：行成于思。可见，"心想"乃"事成"的前提，"事成"则是"心想"的结果。也就是说，"心想"与"事成"两者之间还不能直接画等号。

总之，要真正达到"心想事成"，应该想得其理，想得其所。当然，成事不能光靠用"心"想，想好了还须看你如何行动。成功既不靠天，也不靠地。路在自己的脚下，只有勇于向未知的事物挑战，认真实干，才能闯出一片新天地。

曾被纽约世界美术协会推举为当代第一大画家的张大千，博采众长，其绘画的技艺高超。他的许多代表作现在被公认为世界美术宝库中的珍品。然而鲜为人知的是，在张大千先生的艺术生涯中，他第一次成功的画作卖出后仅换得80个铜板。在当时，80个铜板只能买2斤腊肉。张大千先生这一个成功之果并未给他带来丰厚的报酬，但那时张大千先生并未因此放弃追求成功的决心。

1904年，上海著名的手工裁缝王兴昌，成功地缝制了中国第一套西装。这套西装是为刚从日本归国的徐锡麟定做的。要知道，王兴昌是在连着做坏了好几件西装之后，才成为中国第一个做西装的裁缝师傅的。这只成功的甜果未被品尝前，王兴昌已品尝了若干个酸果子。好在他得到了徐锡麟的鼓励和帮助，否则王兴昌几乎要放弃自己的尝试了。

1903年，文坛勇士章炳麟在当年的北京顺天时报上，刊登了中国第一则征婚启事。那时还是光绪二十九年，这则破天荒的启事成了当年惊世骇俗的大事，甚至人人言之色变，闻之色变。因而这一成功之举立即被许多人当做“奇闻”。章炳麟在成功后面尝到了哪些酸甜苦辣也就可想而知了。

1929年3月，国际联盟在日内瓦召开第一次裁军大会。当时中国新任驻德公使蒋作宾奉命出席会议。按照那时的国际惯例，大会只使用英语和法语。蒋作宾却力排众议，破例用中国话发言。与会者大吃一惊，因为他们头一回在国际会议上听到中国话。为此，人们对中国代表不得不刮目相看。事后，蒋作宾感慨地说：“望吾同胞勿自暴自弃而馁也。”

古今中外，不知有多少人感受过第一次成功后的酸辣苦甜，这里自然不能一一列举。第一个果子究竟是什么滋味，唯有勇于向未知事物挑战的人才有切身的体会。

想超越自己，就得有点“疯劲”

如果你希望成功，就要勇于超越自己，以恒心为良友，以经验为参谋，以小心为兄弟，以希望为哨兵，好好地经营他们，终将会达到质的升华。

当一项艰难的任务摆在你面前时，千万不要退缩，要怀着感恩的心情主动接受它，并用积极的行动向所有人证明自己是好样的。这样，你才能获得发展的机会。人应该进行超越能力的攀登，否则，天空的存在又有何意义?

李阳少年时代是一个很内向的人，“怕生”。他已经十几岁了，亲戚朋友都不曾关注过他，用“丑小鸭”来形容他是最恰当的。比如：只要听到电话一响，他就会躲起来；他看电影之后，父亲总是要他复述电影的内容，为了不做这种他不情愿的事，他宁愿多年不看自己喜欢的电影。

有一次他患了鼻炎，父母送他到医院去治疗。在进行电疗的时候，医生不小心烧伤了他的脸，由于害羞，他忍住痛苦，一直没有告诉别人，至今脸上还有一块小伤疤。

他说，小的时候最害怕的事情就是自己做不完作业，因此，他经常被老师罚站。虽然每次都低声认错，可是第二天又故伎重演……

李阳多次向父母提出退学，但父母都没有同意。值得庆幸的是，他勉强熬到了高中毕业，居然还考上了兰州大学力学系。可是，在大学里，李阳还是浑浑噩噩，没有改变自己的形象。按照学校的规定，旷课70节就要被勒令退学，他很快就超过了100节，他因此差点被兰州大学请出校门。

那么，李阳的英语是不是特别好呢？

不是！谁能相信今天的英语奇才，当年曾经是连“60分万岁”都达不到、常常要补考才能过关的人……

大学二年级的时候，他必须参加全国英语四级考试，否则学位证书就拿不到了。

这次他被逼上了梁山，不得不打起精神，每天早上都去学习英语。他本来是一个懒散惯了的男孩，如今要集中精力，那可不是一件容易的事情。为了集中精力，他干脆跑到兰州大学校园里的烈士亭，放开喉咙大声背诵起英文来。这一声大喊不要紧，李阳的灵感来了：这样不仅不容易思想开小差，效果还不错！

他就这样“吼”了几个星期，居然“吼”出了信心！

胆子出来了，他就去了学校的英语角，说出来的英语还居然像模像样的。知道他底细的同学都感到惊奇，急忙向他“请教”高招。李阳此时已经隐隐约约地感到了这可能是一种奇妙的办法，虽然说不出什么，但是他决心这样干下去。

从此以后，只要有时间，李阳就像疯子那样在烈士亭等地方大喊大叫，不管是怎样的天气，他都是风雨无阻。有时候，为了增加自己的胆量，他居然穿着46号的特大美国劳工鞋和肥大的裤子，戴着耳环，在兰州大学声嘶力竭地喊叫。

不管别人怎么看他，他就是我行我素。他就这样复述了10多本英文原著，在四级考试中得了第二。

最令他恐惧的英语，却给他带来了成功的喜悦，他的疯狂就这样走出兰州大学，走出甘肃，走向全国……

李阳有句“格言”：“I enjoy losing face！”（我喜欢丢脸！）李阳的

成功就是一个带着“疯劲”、放下面子的经历。

李阳本来天生内向，是一种封闭的性格。为了挑战自我，他以英语为媒介，走出了成功的一步。他把自己学习英语的心得体会写成了四十多页演讲稿，准备拿到演讲场里去。他深知美国社会学家曾经进行这样的调查，世界上人们最怕的就是当众讲话。他很想突破自我，所以他决心去演讲，面对全校的人，他请同学帮自己把海报贴出去，说有一个叫李阳的人要搞一个英语讲座……

那天晚上，李阳简直“紧张得要吐”（李阳语），可是他还是上台了。他虽然气喘吁吁的，但是终于坚持下来了：演讲获得了意想不到的成功！李阳就这样讲出去了，一讲就是几十场，他因此成了校园名人……

当初怕丢脸的李阳凭着他的“疯”劲，超越了自我，换回了尊严：疯狂英语，风靡中国。

敢异想则天开

奇思异想，往往会石破天惊，创造出令人意想不到的成就。其实，世界为每个人都提供了契机，只是我们中间的绝大多数人不敢去想、不敢去做而已！许多人都认为，能否获得机会，主要是看运气的好坏。固然，运气的基本要素是偶然性。但运气对于任何人都是一视同仁的，也就是说，所有人“交好运”的可能性一样多，在机会面前人人平等。关键在于有的人把握住了，有的人却没有把握住。

异想天开会给生活增加了不平凡的色彩。

“陛下，给我一条帆船出海一战吧，让我把英国佬打得灵魂出窍。”1916年，德国的少校卢克纳尔对威廉二世如是说。

此话一出，所有人都惊诧不已。

假如这是在中世纪，这样敢于挑战大不列颠的军官固然有些鲁莽，但至少会获得勇敢刚毅的美名。但时光已经到了20世纪，这个时候，帆船早已成为一种古董，已经不可能作为战船来使用了。

卢克纳尔从小就是个富于反叛精神的人。他胆大心细，善于独出心裁，想别人不敢想、做别人不敢做的事情。

幸运的是威廉二世却认真的听取了这位少校的“疯话”。

卢克纳尔向威廉二世解释道：“我们海军的头儿们认为我是在发疯，既然我们自己人都认为这样的计划是天方夜谭，那么，英国人一定想不到我们会这样干的吧，那么，我认为我可以成功地用古老的帆船给他们一个教训。”

这段话充分体现了卢克纳尔独特的思维，如果他是一个受过正统军事教育的军官，相信他是很难想出这样的主意的。“鲁莽”的个性充分凸现，这样的奇思妙想让他与众不同。正因为这样冒险的想法才成就了他的一次辉煌，成就了他人生的一次飞跃。

威廉二世被说动了，他同意了卢克纳尔的计划，用一条帆船去袭击英国人的海上航线。

卢克纳尔经过千辛万苦终于找到一条被废弃的老船，取名“海鹰号”。在他亲自设计监督下，这艘船开始古怪的改造工程。

当年12月24日圣诞夜，海鹰号出击了，顺利突破英国海上封锁线，抵达冰岛水域，大西洋航线已经在望。

正在高兴地时候，海鹰号和英国的复仇号狭路相逢。

海鹰号的火力只有两门107毫米炮，而复仇号却是一艘大型军舰，硬拼显然不是对手。卢克纳尔灵机一动，主动迎上去让他们检查，英国的检查员见是一条帆船，看也不看，就放过了这艘暗藏杀机的帆船。

1917年1月9日，到达英国海域后，在卢克纳尔的指挥下，海鹰号突然发起进攻战，全歼英国船只，获得了巨大的胜利。

卢克纳尔的这种“不切实际”的想法为他赢得了成功。因为这种做法让敌人处于轻敌的状态，使海鹰号则轻而易举的攻人敌方的心脏，从而获得战争的胜利，给国家带来了荣誉。对卢克纳尔而言，“不切实际”的想法实际就是一种可以打对方一个措手不及的想法，是一种建立在充分了解对方的基础之上的一种“不切实际”，不是通常所说的“瞎想”、“胡想”。

战场上，需要卢克纳尔敢想的胆识；竞争激烈的商场上，更需要具备这种品质，从而在商战中胜人一筹。李书福的发迹史就很好地诠释了这一点。他的突发奇想创造了世界上的第一辆踏板式摩托车。

曾有人说过，如果没有像吉利创始人李书福和他领导下的吉利人那样的一大批中国汽车人，那么对于中国的普通家庭而言，汽车消费也许会推迟十多年。

1993年，李书福去某大型国有摩托车企业参观考察，看见摩托车产销两旺的势头，他紧抓机会，向该企业老总提出为他们做车轮钢圈配件。

对方一听，微笑着说："这种高技术含量的配件不是你们民营厂所能完成的，你还是该干什么还干什么去吧！"

不信邪的李书福憋着一肚子气回到公司，大胆提出要自己制造摩托车整车。结果，周围反对声一片，就连他的亲兄弟都笑他自不量力："真出车祸死了人，有你好看的。弄不好千年砍柴一夜烧。"

面对反对，李书福没有放弃这种大胆的想法。

终于，苍天不负有心人。李书福仅用了7个月的时间，就研制开发出了中国同行一直没能解决的摩托车覆盖件模具，并率先研制成功四冲程踏板式发动机。接着又与行业老大嘉陵强强联合，生产出了"嘉吉"牌摩托车。不到一年的时间，又开发出中国第一辆豪华型踏板式摩托车，很快便替代了日本和中国台湾的同类摩托车。这种新型摩托车不仅一直占据国内踏板车销量龙头地位，还出口美国、意大利等32个国家和地区。1999年，吉利摩托车产销43万辆，实现产值15亿元，吉利集团也因此赢得了"踏板摩托车王国"的美誉。

李书福敢想敢做的创业路子使他取得了巨大的成功，从市场上得到了丰厚的回报。他的胆识再次被历史认同。

"卢克纳尔"、"李书福"等人之所以会成功，在于他们想常人不敢想、做常人不敢做之事，从而开辟了一条通往成功的康庄大道。拉开历史的帷幕，我们就会发现，凡是世界上有重大建树的人，在其攀登成功高峰的征途中，都会灵活地进行思考，适时地异想天开，成就伟业。

让你的“野心”逐步得逞

世上有一种财富是属于我们的，只要你想要就一定会拥有，这就是你的“野心”。做一个有“野心”的男孩或许不一定会快乐，但是做一个没有“野心”的男孩一定会很乏味。

三个工人在砌一堵墙。

有人过来问：“你们在干什么？”

第一个人没好气地说：“没看见吗？砌墙。”

第二个人抬头笑了笑，说：“我们在盖一幢高楼。”

第三个人边干边哼着歌曲，他的笑容很灿烂：“我们正在建设一座城市。”

十年后，第一个人在另一个工地上砌墙；第二个人坐在办公室里画图纸，他成了工程师；第三个人呢，是前两个人的老板。

三个同样起点的人对相同问题的不同回答，展现了他们不同的人生境界。十年后还在砌墙的那位胸无大志，当上工程师的那位愿望比较现实，成为老板的那位却志存高远。最终，他们对自己的“野心”决定了他们的命运：想得最远的走得也最远，没有想法的只能在原地踏步。

“野心”其实就是男孩的理想，它反映了男孩对美好未来的向往和追求，揭示了男孩的奋斗目标，是男孩力量的源泉，是男孩的精神支柱。一个国家、一个民族不能没有远大的、被大多数人信仰的共同理想，否则就会形同一盘散沙，没有凝聚力、向心力，哪里还谈得上国家的强盛，民族的振兴？一个男孩如果没有理想，就会失去精神动力，他也不可能成为高素质的优秀人才。

“野心”与现实生活是紧密相连的。现实生活中的某些现象如果符合个人的需要，与个人的世界观相一致，这些现实的因素就会以个人的理想和形式表现出来。理想总是对现实生活的重新加工，舍弃其中某些成分，又对某些因素给予强调，你的理想完全可以变为现实。

远大的理想到底要有多远？太近了，唾手可得，获得的成就会很有限；太远了，未免让人感到遥不可及，使人失去信心，令人付诸行动的磁力就会小很多。最好的搭配是既有远大的理想，又有分阶段的目标。这样，就像在成功的路上每隔一段都摆上了一块磁石，它们能够不断地给你以吸引力，引导你向着最大的那块磁石前进。

斯帕奇在学校里的日子是非常糟糕的：他读小学的各门功课常常亮红灯，考试很少有及格的时候。到了中学，他的物理成绩通常是零分，学校有史以来物理成绩最糟糕的学生非他莫属了。

而且斯帕奇在拉丁语、代数及英语等科目上的表现同样的糟糕，即便是体育，他的成绩也是一塌糊涂。虽然他参加了学校的高尔夫球队，但在赛季唯一的一次重要比赛中，因为他表现不佳，所在的球队输得也是干净利落。即使在随后为失败者做的安慰赛中，他的表现也一塌糊涂。

在他的整个成长时期，他从来都是笨嘴拙舌，社交场合根本见不到他的踪影。在人家眼里，他根本就不存在。如果有哪位同学在校外主动向他问候一声，他会受宠若惊并感叹不已。

在别人眼里斯帕奇或许是一个彻彻底底的失败者，每个认识他的人都知道他的情况，他本人也清清楚楚，然而他对自己的表现似乎并不放在心上。从小到大，在他的眼里，他只在乎一件事情——画画。他深信自己拥有不凡的画画才能，并为自己的作品感到骄傲。但是，除了他本人以外，他的那些涂鸦之作从来没有其他人看上眼。上中学时，他曾经向刊物的编辑提交了几幅漫画，但结果是一幅也没有被采用。尽管有多次被退稿的痛苦经历，斯帕奇从未对自己的画画才能失去信心，他依然坚持画画，并下定决心成为一名职业漫画家。

在中学毕业那年，斯帕奇给当时的沃尔特·迪斯尼公司写了一封自荐信。该公司让他把自己的漫画作品寄来看看，同时规定了漫画的主题，于是，斯帕奇开始第一次为自己的前途奋斗。他投入了巨大的精力与非常多的时间，以一丝不苟的态度完成了许多漫画。然而，漫画作品寄出后却石沉大海，最终迪斯尼公司没有采用他的作品，他的首次求职遭遇了失败。

生活对斯帕奇来说只有黑夜，没有阳光。在走投无路之际，他尝试着用画笔来描述自己平淡无奇的人生经历。他以漫画语言描述了自己灰暗的童年、不争气的少年时光——一个学业糟糕的不及格生、一个屡遭退稿的所谓艺术家、一个没人注意的失败者。他的画融入了自己多年来对画画的执著追求和对生活的真实体验。

连他自己都没有想到，他在黑暗生活当中所塑造的漫画角色一炮走红，受到了无数人的喜爱，他的连环漫画《花生》很快就风靡全世界。在他笔下走出了一个叫查理·布朗的小男孩，也是一个失败者：他的风筝从来都没有飞起过，他也从来没有踢好过一场足球，他的朋友都叫他“木头脑袋”。

了解斯帕奇的人都知道，这正是漫画作者本人，日后成为世界著名漫画家的查尔斯·舒尔茨早年平庸生活的写照。查尔斯·舒尔茨成功了，而在此之前他却是一个典型的失败者，一无是处，只有梦想。但是让失败有了价值的不是别的，正是坚持自己的梦想。

因为有了“野心”而变得伟大，因为追求自己的“野心”，生活多彩多姿。因为“野心”，生命有了无限可能。树立自己的“野心”吧，看清自己，给自己定位，设定目标，规划理想，你终将一步一步地走向成功。

不要让恐惧阻碍你的人生之路

很多男孩过着忧郁不安的生活，有时候独自一人会感到非常恐惧；而有时候却又远远地避开集体，害怕进入他们的圈子；有时候一想到失去别人的爱和尊重，就会战栗不已，害怕遭到别人的轻视和抛弃。

很多男孩感觉不到别人对自己的赏识，感觉不到友情的美丽，感觉不到家庭生活的欢乐。很多男孩对自身感到不安，为自己可能的失败和潜在的危险而焦虑，这种不安和焦虑常常会改头换面，以其他形式表现出来。

事实上，艺术家和小说家早就看出了这一点。托马斯·曼在他的巨著《魔山》里描写了很多这样的例子。人们过于敏感，非常恐惧，借着与肺结核病作斗争来逃避现实中的奋斗。当然，与现实生活中需要勇气的战斗、抗争和挣扎相比，生病自然要容易得多。

我们现在明白了，有些慢性病患者实际上是害怕现实中的抗争和奋斗，潜意识中想让自己生病，在疾病中可以寻求到安慰和舒适。疾病对于他们来说，只不过是个巧妙的借口罢了。

正常的恐惧和病态的恐惧之间有一定的区别，弗洛伊德给出了一个绝妙的解说：一个人置身于非洲丛林，看见蛇会感到恐惧，这是很正常的事，这种恐惧感有利于保护自己。但如果一个人居住在房间里也感到恐惧，以为在他的房间里有一条蛇正藏在地毯下面，那么，这种恐惧就是病态的、不正常的。

仔细研究一下我们对自身状况的许多焦虑，它们其实就像弗洛伊德所说的地毯下的蛇一样，是人为幻想出来的。

当你遇上害怕的事，只要敢于试一试，就会觉得并没有什么，也没有你原先想象的那么可怕。当你发现自己总是在回避你害怕做的事时，你还可以问问自己："如果我真的去试，最坏的结果会是怎样？"最坏的结果，绝不会比你想象的更可怕。

有位做推销的男孩因为常被客户拒之门外，慢慢患上了"敲门恐惧症"。他去请教一位大师，大师弄清他的恐惧原因后，便说："假如你现在站在即将拜访的客户门外，然后我向你提几个问题。"

推销男孩说："请大师问吧！"

大师问："请问，你现在位于何处？"

推销男孩说："我正站在客户家门外。"

大师问："那么，你想到哪里去呢？"

推销男孩答："我想进入客户的家中。"

大师问："当你进入客户的家之后，你想想，最坏的情况会是怎样的？"

推销男孩答："大概是被客户赶出来。"

大师问："被赶出来后，你又会站在哪里呢？"

推销男孩答："就——还是站在客户家的门外啊！"

大师说："很好，那不就是你此刻所站的位置吗？最坏的结果，不过是回到原处，又有什么好恐惧的呢？"

推销男孩听了大师的话，惊喜地发现，原来敲门根本不像他所想象的那么可怕。从这以后，当他来到客户门口时，再也不害怕了。他对自己说："让我再试试，说不定还能获得成功，即使不成功，也不要紧，我还能从中获得一次宝贵的经验。最坏的结果就是回到原处，对我没有任何损失。”这位推销男孩终于战胜了“敲门恐惧症”。由于克服了恐惧，他当年的推销成绩十分突出，被评为全行业的“优秀推销员”。

“让我再试一试”，是成功者的必由之路。要试出好的结果，还要做出十分勇敢、无所畏惧的样子，而且全身心地表现出来。

人身上的潜能是无穷无尽的，为什么绝大部分却处于休眠状态？主要是由于受到心理上无形障碍的影响。假如你想充分发挥你自己身上的潜能，想知道自己能胜任什么事，那就从现在开始，把你身上的无形障碍，也就是你害怕做的事，一项一项排排队，写在日记里，由易到难订个跨越计划。然后从第一件害怕做的事做起，直到不惧怕为止。这样每完成一项，你就跨越一个心理障碍，解去一根捆绑自己心灵的绳索，消除一次“我从未做过”的念头，擦去一个“我不敢做”的想法。

所以，一定要调整好自己的心态，不要让莫名其妙的恐惧给你的人生笼罩上一层阴影。只有那些积极向上、不自己吓唬自己的人，才会真正的快乐。

勇于挖掘自己的潜能

很多男孩缺乏自信，犹豫不决，因为失败而唉声叹气。他们觉得自己低人一等，认为别人的见解永远比自己高明，自己只不过是别人嘲笑的对象罢了。他们因为境遇不佳而终日消沉懈怠、不思进取，最终陷入自暴自弃的漩涡不能自拔。这些男孩的思想和生活中充满了失意和空虚，没有一丝阳光和半点绿意。他们的精神世界是黑暗的，没有光明，没有温暖。

生活带给他们的不是美好的享受，而是可悲的痛苦。他们在抱怨生活的同时，失去了对生活的激情，总是怀着得过且过的心理去混生活、游戏人生。在这样一个自暴自弃的恶性循环中，他们不知不觉地失去了再学习的机会、失去了被提升的机会、失去了挣钱的机会，最终也就失去了走出失意的机会。

一位商人在路边看到一个衣衫褴褛的男孩在推销铅笔，顿生一股怜悯之情，于是顺手把一元钱丢进男孩的怀中，就走开了。但他又忽然觉得这样做不妥，就连忙返回，从那男孩手里取出几支铅笔，并抱歉地解释说，自己忘记取笔了，希望他不要介意。最后他说："你跟我都是商人，你有东西要卖，而且上面有标价。"几个月后，在一个社交场合，一位穿着体面的年轻男孩迎上这位商人，并自我介绍："你可能已经忘记了我，我也不知道你的名字，但我永远忘不了你。你就是那个重新给了我自尊的人，我一直觉得自己是个推销铅笔的小男孩，直到你走来并告诉我，我是一个商人为止。”

因为商人一个小小的举动，男孩意识到了自己的尊严和价值，从此改变了自己的一生。当一个人点燃了自尊之火，自卑的荆棘将被焚烧殆尽，从而摆脱卑微，去证明自己绝不是一个弱者。

实际上，任何自食其力都比无所事事甚至卑微地乞求更好。唤醒了潜藏和沉睡的自尊，我们就获得了重新积聚力量的机会和重新审视、评估自己的能力，从而以积极的心态去做改变命运的努力。

大部分男孩，并不缺少才能，也不缺乏天赋，他们缺的是认识自己和开发自己的勇气和力量。他们常常这样想：我的祖父是这个样子，我的父亲是这个样子，我理所当然也是这个样子。如果每天都用这样的声音告诉自己，那么我们心里残存的理想和抱负，甚至那一点自尊就会被一点点地吞噬，剩下的只有唉声叹气、自怨自艾。

怎样从自暴自弃、消极沉沦中走出来呢？海伦·凯勒，一个耳朵不能听、眼睛不能看、嘴巴不能说的女子，却成就了非凡的教育事业；身残志坚的美国前总统罗斯福，凭借着顽强的毅力，连任13年总统，成为一代政治家典范。他们之所以没有因缺陷而沉沦，就在于他们能够面对现实，不花一分一秒的时间去责怪别人，埋怨上天、父母或自怨自艾，而是努力让自己身上仅存的优点变成优势，并发挥得淋漓尽致；他们在“改变”以后，都极虔诚地热爱生命、了解生命的本质，换言之，是生命的光热帮助他们走出自暴自弃的阴影，克服障碍，跨越世俗的藩篱。

每个男孩的身上都蕴藏着巨大的能量，同时也蕴藏着信心，而平凡者往往并不知道自己有多大的能力。如果你把自己的信心挖掘出来，相信自己的才能，并不断努力的话，你潜在的能量就一定会被挖掘出来，这将使你的人生变得无限光明，最终做出一番令人赞赏的业绩。

请记住鲁迅先生的一段话吧：这世界上本没有路，走的人多了，也便有了路。人生少有壮举，但倒下还是站立，却反映了我们内心的选择！站立，不仅是一种姿势，更是一种尊严，一种精神，一种使命，一种人生的态度。

你必须为自己挺身而出，为自己站起来。只有学会为自己“站起来”，才对得起自己，也才会得到大家的认可和尊敬。

拥有冒险的勇气

冒险是一种从多层次、多角度、以多种手段来对待客观事物的思维方式，它能挖掘自身的思维潜能，唤醒你沉睡的大脑，重新认识自我的价值。冒险包括超前思维、发散思维、收敛思维和定势思维等方面。

冒险精神并非与生俱来，多半是由训练而来的，是经由冒险、失败、再冒险、再失败，而一步步锻炼出来的。“保证什么都不会出差错”的男孩，一般都不可能成什么大器。

任何领域的一流高手，都是因为能勇敢面对他人所畏惧的事物才出人头地，而一些取得了成功的人，也是如此，他们都是以冒险的精神作为后盾的。

冒险是每个男孩都无法逃避的生存法则，在每个人的成长经历中，都经过无数次的冒险：在幼儿时期，敢冒险地站起来学走路；年纪稍长时，冒险学骑自行车；如果有条件，有人还冒险学开汽车，学游泳、学跳伞……冒险需要勇气，而有了勇气，才可能动手去做事，没有勇气什么事都做不成。有勇气的男孩也会害怕，但是他会克服自身的恐惧，向不确定的世界迈进，而那些缺乏勇气的男孩只能平庸地像蜗牛一样生活。

成功与财富，甚至你想拥有的每一样东西、每一项技能都不是与生俱来的，要得到这些，一定要经过冒险的阶段，并发挥“越失败，越勇敢”的精神，尝试，再尝试，才可能最终获得。

世界进步与冒险精神是息息相关的，甚至从某种意义上说，正是因为有了冒险的精神才促进了世界的进步。哥白尼的天体运行学说、美洲新大陆的发现等无数的事例证明，人类的一系列发现和创造都是从冒险开始的。勇于冒险的男孩，并非不惧风险，只是因为他们能认清风险，进而克服对风险的恐惧。勇气源于控制恐惧，而培养冒险精神则始于对风险的了解，特别是对风险所造成的后果的了解。冒险是一笔宝贵的财富，它在使人冲动的同时却又给予人们热情、活力及敢向一切挑战的勇气。

有一个男孩从小没有看见过海，他很想看一下大海到底是什么样的。有一天他得到一个机会，当他来到海边，那儿正笼罩着雾，天气又冷。“啊，”他想，“我不喜欢海；很庆幸我不是水手，当一个水手太危险了。”

在海岸上，他遇见一个水手，他们交谈起来。

“你怎么会爱海呢？”这个男孩奇怪地问，“那儿弥漫着雾，又冷。”

“海不是经常都冷和有雾，有时，大海是很美丽的，无论什么天气，我都爱海。”水手说。

“当一个水手不是很危险吗？”

“当一个人热爱他的工作时，他就不会再害怕什么危险——我们家的每一个人都爱海。”水手说。

“你的父亲现在何处呢？”

“他死在海里。”

“你的祖父呢？”

“死在大西洋里。”

“既然如此，”这个男孩带着同情和惋惜的语气说，“如果我是你，我就永远也不到海里去。”

“那你愿意告诉我你父亲死在哪儿吗？”

“啊，他在床上断的气。”

“你的祖父呢？”

“也是死在床上。”

“这样说来，如果我是你，”水手说，“我就永远也不到床上去了。”

一个人在冒险的过程中，会让自己原本平淡的生活变得激动人心起来。而且，如果你勇于冒险求胜，你就能比你想象中做得更好。

勇气和财富之间的关系是显而易见的，因为风险和收益往往同时存在。不管做什么生意，风险都是客观存在的，追求财富本身就是一种需要尝试者勇敢地面对风险、征服风险的过程。一般情况下，风险越大，回报也就越大。在某种程度上，勇气的大小，往往是贫穷和富有之间的分界线。

成功不在能知，乃在能行

没有智慧和知识是不行的，但拥有智慧和知识而没有行动，也同样没有用处。我们这个世界缺少实干家，却从来不缺少空想家。那些爱空想的男孩，似乎有满腹经纶，其实，他们是思想的巨人，却是行动的矮子。这样的男孩，只会使我们的世界越来越混乱，而不会创造任何有益的价值。

曾有个很有才气的教授想写一本传记，专门研究几十年前一个让人议论纷纷的人物轶事。这个选题既有趣又少见，真的很吸引人。这位教授知道的很多，他的文笔又很生动，这个计划注定会让他获得很大的成就、名誉与财富。一年过后，有人无意中提到那本书是不是快要大功告成了，谁知道，他根本就没有写！他犹豫了一会儿，好像正在考虑怎么解释才好，最后终于说太忙了，还有许多重要的任务要完成，因此自然就没有时间写了。

生活中，有很多男孩与这位教授十分相似，他们有很好的想法与规划，有十分美好的理想与愿望，可是没有用实际行动来实现它。即使是再美好、再有价值的东西，不去做也只能胎死腹中，令人惋惜。

有的男孩也知道为目标去行动，可是怀有“等”、“靠”的心理，有拖拉的习惯，总是不着急、不着慌，优哉游哉，今天完不成，还有明天、后天。其实这种做法，只能把工作越堆越多，导致明天的任务也完不成。

久而久之，整个计划都会泡汤。

当你下决心做事时，一定要立即行动，上天不会因为你美好的想象而送你一张馅饼。

数年前3月份的一个晚上，成功学大师克里曼·斯通在墨西哥城访问弗兰克和克劳迪娅夫妇。

克劳迪娅谈道："我盼望我们在加丁区（加丁区是墨西哥城最令人向往的地方）能够有一所房子。"

斯通问："你们为什么还没有呢？"

弗兰克哭了，答道："我们没有这笔钱。"

斯通说："如果你知道你想要什么，穷有什么关系呢？"

弗兰克没有回答。

斯通又提出一个问题："顺便说一下，你是否读过一些激励人的励志书，例如《思考致富》、《积极思考的力量》、《你的潜能》、《信心的魔力》等？"

他们回答："没有。"

于是，斯通就告诉他们一些成功人士的经历：这些人知道他们想要什么，读了一些励志书，听从书中的意见，然后就行动。迈出第一步后，他们继续坚持努力，最终获得了他们所追求的东西。

斯通还告诉弗兰克夫妇几年前他自己的条件：用首次付款为1500美元的分期付款，购买了一所价值120万美元的新房子以及如何按期付清了房款。斯通送给了他们一本他所推荐的书。

当年的12月份，当斯通正在家中休息时，接到了克劳迪娅打来的电话。她说："我们刚从墨西哥城来到美国，弗兰克和我所要做的第一件事就是感谢你。"

斯通感到诧异："感谢我，为什么？"

"我们感谢你，因为我们在加丁区买了一所新房子。"

几天后，在请斯通吃饭时，克劳迪娅解释说："在一个星期六的傍晚，弗兰克和我正在家里休息，有几位从美国来的朋友打电话来，要我们用汽车把他们送到加丁区去。恰好那个时候我们都相当疲乏了，弗兰克正准备拒绝时，书上的一句话闪现于他心中：'迈出第一步。'于是我们决定用汽车送他们到那里。当我们用汽车送他们通过这人造的天堂时，我们看见了自己梦寐以求的房子——甚至还有我们所渴望的游泳池。我们买了它。"

弗兰克说："你可能很想知道：虽然这个房产的价值超过50万比索，而我们的存款只有5000比索，但我们住在加丁区新居的费用比住在旧居的费用还要少些。"

"这是为什么呢？"

"因为我们买了两套房间，它们在财产上相当于一座房子。我们将其中的一套租了出去，那套房间的租金足以偿付整个房产的分期付款。"

这个故事并不十分惊人，使人感到吃惊的是：一个没有经验、没有背景，甚至没有资金做本钱的人，只要听从大师的一些建议，然后付诸行动后，就能轻易得到他所想要的东西。

踏实肯干的人总是早早行动。如果你想成就一番伟业，在确立你远大的目标之后，就要静下心来，认认真真、脚踏实地地做你该做的事情。在通往成功的路上，你不要梦想一步登天。如果基础不扎实，那么，你的奋斗目标则无异于空中楼阁。所以，真正聪明的男孩，会一步一个脚印地走着，用自己的行动构筑成功的基石。

我们要牢记：没有智慧的知识是没有用的，而没有行动的智慧也是毫无价值的。活着，不仅是要思考，更多的是要行动。

第二辑

男孩子就要有胸怀

宽广胸襟可以冰释前嫌，可以赢得持久的朋友。荀子曾经说：“群子贤而能容墨，知而能容墨，博而能容诚，粹而能容杂。”西方谚语说：“世界上最宽阔的是海洋，比海洋更宽阔的是天空，比天空更广阔的是人的胸怀。”男孩子就要有宽广的胸怀，遇事多有宽容心。

严于律己，宽以待人

拿望远镜看别人，是以一种超然的宽容和欣赏去看待别人；拿放大镜看自己，是以一种决然的姿态来要求和磨炼自己。“与人不求备，检身若不及。”做一个出类拔萃的男孩，首先，就应该做到“严于律己，宽以待人。”

李离是晋文公的法官，因为听信不实之言错杀了一个好人后，他便把自己囚禁起来，并给自己判了死刑。晋文公知道后，对他说，“官职有大有小，所处的刑罚也有轻有重，所谓刑不上大夫！下边的官有罪，不是你的罪过。”

李离说：“我位高权重，并没让给下属来当；我领取的俸禄，也没分给下属；现在，我误听失察，错杀了好人，却要把罪过推给下属，世上没这样的道理！更何况治狱断案规定明确——因为失察而误判刑，断案人就要自己受刑；因为失察而错杀了人，断案人就该处以死刑！现在，我失察而错杀了好人，理当判斩。”

后来，尽管晋文公赦他无罪，但李离还是用剑自杀而死。如此律己的境界，令今人汗颜。

张潮在《幽梦影》中云：“律己宜带秋风，处事宜带春风。”多么贴切的比喻啊！之于己过，要似秋风扫落叶一般严冷；之于人过，则要似春风化雨般地柔和。

严于律己，得“以细行律身”。

相传白居易在杭州任刺使的三年间，不取百姓一草一木，声名颇佳。当他离任回家闲居之时，突然想起一件事来，觉得大错特错！这件事，便是他在游天竺山时，带回了两块如画的石头。白居易想，要是所有游天竺山的人，都同他一样，取走两块石头，天长日久的话，天竺山岂不要被搬平！于是，为了责己也为了醒人，白居易写了一首《韵语秋阳》的“检讨诗”，诗云：

三年为刺史，饮水复食叶。

唯向天竺山，取得两片石。

此抵有千金，无乃伤清白。

白居易律己之严的心态，呈现于字里行间，令人敬仰、叹服。

严于律己、宽以待人，是完善自我人格的需要。体谅他人、理解他人、不苛求他人、善待他人，是一种美德。

如果你能够始终以欣赏的眼光来看待身边的每一个人，那么人们就会因为受到你的尊敬而倍感振奋。相反，一味挑剔别人的毛病，必然会引起人们的反感，人际交往也必然陷入困境。

古龙的争与让

血性与宽容，是苍鹰的两只翅膀。男孩，你不争，不足以立志；不让，不足以成功。

他缔造了一个属于自己的江湖，他是万千读者追捧的偶像，他的名字叫古龙。然而，古龙除了有惊世骇俗的才华，更有着超越常人的处世智慧和宽广胸襟。

经过多年艰辛的打拼之后，古龙终于在文坛拥有了自己的一席之地。武侠小说的一代宗师金庸先生更是对他推崇不已。两人相识之后，就常常结伴同游。后来，古龙因为一些债务原因，手头有些拮据，金庸先生便帮他联系了一个日本的出版商。对方非常欣赏古龙的才华，便邀请二人当面晤谈。

双方见面之后，会谈并没有想象中那么顺利。因为文化的差异，彼此先是在讨论文学创作上有了分歧，接着，古龙发现对方在客气的外表下总是透着一股傲慢，尤其是对中国当代文学，很有些看不上眼。场面有些尴尬，金庸先生总是大度地微笑着缓和紧张的气氛，古龙的话越来越少，渐渐沉默起来。

酒过三巡，对方的酒兴渐渐高涨起来，不停地催服务生上清酒。古龙和金庸两人都有些不胜酒力了，便开始推辞起来。不料对方忽然露出了鄙夷的神色，一语双关地说道："你们中国的小说家也不过如此嘛！"

金庸连忙转过头，紧张地看着血气方刚的古龙。让他没想到的是，古龙并没有暴跳如雷，而是微笑着缓缓说道："这么小的杯子怎么能尽兴呢？来，换脸盆喝！"说着，他亲自取来三个脸盆摆在大家面前，然后用清酒倒满自己面前的脸盆，高高举起。"干！"说着，他端起盆，仰头就喝了起来，坐在一旁的金庸惊得说不出话来，日本出版商更是傻了眼。古龙喝到一半，对方连忙跑过来拉住他，嘴里不停地说道："古先生，我佩服你！不要再喝了！"

事后，日本出版商再也没有过傲慢的表现。金庸悄悄问酒醒后的古龙，真的能喝得下那么多酒吗？古龙憨笑着告诉他，其实自己也喝不了那么多酒。只是他一直觉得，对善待自己的人，自己就必须还以善良；对待轻视自己的人，就必须坚决反击，何况是事关作家的尊严和民族感情。

从那之后，金庸先生不止一次在朋友面前提起这件事情，并且一再表示，古龙身上的侠气精神让他一生都无法忘记。

随着古龙名气的与日俱增，他的小说也越来越炙手可热。在利益的驱使下，很多人开始效仿他，挖空心思，想方设法利用古龙的名气为自己谋利，甚至有人开始冒充古龙的名字写小说。

一天午后，一个朋友在市场上发现了几本冒充古龙先生新作的小说，异常气愤。他立刻买下了几本，气呼呼地来到古龙的家里。

可让他没想到的是，一向争强好胜的古龙并没有生气，反而津津有味地读了起来。读了一会儿，他轻轻放下书，什么也没说。坐在一旁的朋友按捺不住了，问他为什么不追究。古龙微笑着告诉他："这本小说的风格，我一看就知道是谁写的。我也非常反感这些抄袭模仿、假借之笔的龌龊行为，可这个作者我认识，他的家境非常贫寒，不过是以此来糊口罢了。如果我去举报他，那他全家人都可能饿肚子。得饶人处且饶人，何况他的原因很特殊；再说，他的文笔很不错，我不忍心就让他这样毁在我手里。”朋友听完他的话，唏嘘不已。

不仅如此，古龙还特别留心冒充自己写小说的作者当中才华出众的，并且想方设法帮助他们。在古龙的帮助下，很多年轻人崭露头角，而且都和古龙成了朋友。

正因为这种博大的胸怀，使得古龙先生故去之后，台湾迅速成长起来一批新的优秀小说家。也正因为如此，虽然古龙人已逝，他却在很多受过他帮助的人心中延续着自己的生命，并将这份豁达与博爱继续传递下来。

古龙的争，不是莽夫之争，而是血性之争，为自身尊严而争，为民族荣誉而争；古龙的让，不是懦弱退缩，而是心怀博爱，不计小利，为更多有才情抱负的人提供机会，更加让人佩服一生一世。

真切地关注别人

智慧由听而得。学会真心的关注别人，才能收获真心的问候。正所谓“敬人者人恒敬之”。男孩要想得到别人的欢迎，必先对别人真心的关注。

美国第三十二任总统——富兰克林·罗斯福，是一位不平凡的伟大领袖。在他的日常生活中，罗斯福总统对人性有着无比浓厚的兴趣，经常喜欢从极为平凡的人际关系当中，来找寻一些值得人深思的智慧哲理。

有一次，在白宫的例行宴会上，罗斯福总统探索人性的好奇心陡然兴起，他决定自己暗中来做一个有趣的实验。

罗斯福总统依照惯例，和夫人站在白宫入门的玄关处，欢迎当天受邀的来宾。只不过，这一次罗斯福总统并未如同往日一般，说些言不由衷的敷衍欢迎词；他和每一位莅临宴会的嘉宾握手，并且带着微笑对他们重复述说同样的一句话“今天早上，我亲手杀死了我的祖母！”

这次有趣测试的结果，在一百多个受邀的各界名流当中，竟然只有一个银行经理，真正将罗斯福总统所说的欢迎词听了进去，笑着回答道：“总统先生，您可真喜欢开玩笑啊——”其余的宾客大多是微笑着向罗斯福总统致意，便走进白宫的宴会厅当中。根据罗斯福总统事后的自述，在那天的所有宾客当中，听到这一句：“杀死祖母……”的欢迎词之后所做的反应，绝大多数的回复，竟然都是“喔！是吗？那真是太好了——”

从这一次极为有意思的人性测试当中，罗斯福总统得到了一项结论，他终于了解，原来大多数人并没有真正地在聆听他们所听到的，只不过是自己认为“应该听到”的东西，而不是当时确实听到的信息。

罗斯福总统透过这样的反思，在日后政治生涯当中，不断激励且督促自己，无论再怎么繁忙、在时间最紧迫的当下，也一定要放下自己既定的想法，专心地倾听沟通对象所要表达地真正内容。同时，他也养成凡事真诚关注对方的良好习惯，这使得罗斯福总统不仅成为一位伟大的政治人物，更是有史以来，白宫最受欢迎的男主人之一。

豁达一点

俗话说："月有阴晴圆缺，人有旦夕祸福。"人生在世，难免会遇到一些不顺心的事情，因而也就需要豁达一点。豁达的男孩，能伸能屈，知进知退，经得起挫折和失败，因而最终也能够获得成功。

当年，汉朝大将韩信曾忍受过街头"小混混"的胯下之辱。功成名就后，韩信非但没有报复，还给他封了个小官。这气度襟怀也无怪乎当初萧何慧眼识珠，月下追韩信。

《三国演义》里的周瑜，文武双全，可就是心胸狭窄，他老想不明白为什么天外有天、人外有人呢。周瑜接连败在诸葛亮手下之后，生气成病，最后一声长叹："既生瑜，何生亮？"吐血而亡，英年早逝，令人惋惜。

美国总统富兰克林·罗斯福家中失盗，被偷去很多东西。他的朋友写信安慰他。罗斯福回信说："谢谢你来信安慰我，我现在很平安，感谢上帝。因为：第一，贼偷去的是我的东西，而没有伤害我的生命；第二，贼偷去我的部分东西，而不是全部；第三，最值得庆幸的是，做贼的是他，而不是我。"

著名画家毕加索对有人冒充他作品的假画，也不追究，最多只是把伪造的签名涂掉。对此有人不解，毕加索说："作假画的人不是穷画家就是老朋友。我不能和老朋友为难，穷画家的日子也不好过。再说，那些鉴定真迹的专家也要吃饭。那些假画使许多人有饭碗，而我也没有吃亏，为什么要追究呢？”可见他也是心胸豁达。

法国大文豪罗曼·罗兰年轻时，曾向意大利姑娘索菲倾吐爱慕之情，却遭到对方回绝。反过来一想，对方拒绝了他，这样他更自由，更有时间和精力创作。随即，他打开日记挥笔写道：“我能创作，我是自由的！”他集中全部精力写出了《约翰·克利斯朵夫》。同时，他还先后创作三大名人传，即《贝多芬传》、《米开朗琪罗传》和《托尔斯泰传》。1915年，他获得诺贝尔文学奖。

豁达的人不计较一城一地的得失，遇事拿得起，放得下，能经受住逆境的考验，因而很多伟人、成功者都是豁达的人。

你想取得成功吗？那么，你从小就要培养豁达的性格，看轻身外之物，在顺境时不要骄傲，在逆境时不要悲观。这样不仅少有烦恼，身心健康，而且有利于事业上的成功。

如果你还力所不及，做不了伟大政治人物、科学巨匠，那就不妨做一个豁达的男孩，只要在事业上有所作为，也算得上是一个成功者。

王者之心

很多时候，男孩需要别人的宽容，也要宽容别人。宽容别人男孩需要的是良好的修养和心态，而被别人宽容，则是良好的修养和心态，长期付出的回报。

拿破仑独自骑马旅行。一天，他来到一家乡间客栈住下，为进一步了解民情，他决定徒步旅行。当他穿着没任何军衔标志的平纹布衣走到了三岔路口时，却记不清回客栈的路了。

拿破仑转身看见有个军人站在一家旅馆门口，于是他走上去问道："朋友，你能告诉我去客栈的路吗？"

那军人叼着一只大烟斗，头一扭，高傲地把这个身着平纹布衣的旅行者上下打量一番，傲慢地答道："朝右走！"

"谢谢了！"拿破仑又问道，"请问离客栈还有多远？""一英里。"那军人生硬地说，并瞥了陌生人一眼。

拿破仑转身想离开，但想了想停下了，向军人微笑着问："请原谅，我可以再问你一个问题吗？如果你允许我问的话，请问你的军衔是什么？"军人猛吸了一口烟说："猜嘛。"

拿破仑风趣地说："中尉？"那烟鬼摇摇头，意思是说不止中尉。

"上尉？"

烟鬼摆出一副很了不起的样子说："还要高些。"

“那么，你是少校？”

“是的！”他高傲地回答。

于是，拿破仑敬佩地向他敬了礼。

少校转过身来摆出对下级问话的高贵神气，向拿破仑问道：“假如你不介意，请问你是什么军衔？”

“中尉？”

拿破仑摇头说：“不是。”

“上尉？”

“也不是！”

少校走近仔细看了看拿破仑的脸说：“那么你也是少校？”

拿破仑镇静地说：“继续猜！”

少校取下烟斗，那副高贵的神气一下子消失了。他用十分尊敬的语气低声说：“那么，你是部长或将军？”

“快猜着了。”拿破仑说。

“殿……殿下是陆军元帅吗？”少校结结巴巴地说。

拿破仑说：“我的少校，再猜一次吧！”“您难道是皇帝陛下？”少校的烟头从手中一下掉到了地上，他猛地跪在拿破仑面前，忙不迭地喊道：“陛下，饶恕我！陛下，饶恕我吧！”

“饶你什么？朋友。”拿破仑笑着说，“你没伤害我，我向你问路，你告诉了我，我还应该谢谢你呢！”

欣赏对手是做人的新境界

有了欣赏对手的心情，人与人、人与自然、人与社会也会变得更加和谐，更加亲切。男孩自身也会因为这种心理的存在而变得愉快和健康起来。人生没有永远的朋友，也没有永远的敌人，无论是竞争多么激烈的对手，竞争过后都会有联合的可能。因此，在竞争中，不要做得太绝，要给人留条活路。这就是俗话说的“做人不可太绝”的道理。

乔丹和皮彭是一对征战多年的队友，两人在一起创造了无数的辉煌。有这么一个小故事，讲的是两人伟大的友谊。多年前的一场NBA决赛中，NBA中的一位新秀皮彭独得33分超过乔丹3分，成为公牛队比赛得分首次超过乔丹的球员。比赛结束后，乔丹与皮彭紧紧地拥抱着，两人泪光闪闪。这里有一个乔丹和皮彭之间鲜为人知的故事。当年乔丹在公牛队时，皮彭是公牛队最有希望超越乔丹的新秀。他时常流露出一种对乔丹不屑一顾的神情，还经常说乔丹某方面不如自己，自己一定会把乔丹推倒之类的话。

但乔丹没有把皮彭当做潜在的对手而排挤他，反而对皮彭处处加以鼓励。有一次乔丹对皮彭说：“我俩的三分球谁投得好？”

皮彭有点心不在焉地回答：“你明知故问什么，当然是你。”因为那时乔丹的三分球成功率是28%，而皮彭是26%。

但乔丹微笑着纠正：“不，是你！你投三分球的动作规范、自然，很有天赋，以后一定会投得更好，而我投三分球还有很多弱点。”并且还对他说：“我扣篮多用右手，习惯地用左手帮一下，而你，左右都行。”这一细节连皮彭自己都不知道。他深深地为乔丹的无私所感动。

从那以后，皮彭和乔丹成了最好的朋友，皮彭也成了公牛队17场比赛得分首次超过乔丹的球员。

而乔丹这种无私的品质则为公牛队注入了难以击破的凝聚力，从而使公牛队创造了一个又一个的神话。

给对方一个台阶下

在沟通的过程中，许多事情是抽象的。它不是一斤、一两，有个标准可以遵循，而常常是凭感觉。所以“感觉”在沟通中非常重要。常常当你主动让一步，对方的感觉好了，问题也就得到了解决。

意大利艺术家米开朗琪罗是举世闻名的雕塑家。他的被公认为最伟大的作品，是大理石雕刻的大卫像。各位可知道，当米开朗琪罗刚雕好大卫像时，主管官员跑去看，竟然不满意。

“有什么地方不对吗？”米开朗琪罗问。

“鼻子太大了！”那位官员说。

“是吗？”米开朗琪罗站在雕像前看了看，大叫一声：“可不是吗？鼻子是大了一点，我马上改。”说着就拿起工具爬上架子，叮叮当当地修饰起来。随着米开朗琪罗的凿刀的舞动，掉下好多大理石粉，官员不得不躲开。

隔一会儿，米开朗琪罗修好了，爬下架子，请那位官员再去检查："您看，现在可以了吧？"

官员看了看，高兴地说："是啊！好极了！这样才对啊！"

送走了官员，米开朗琪罗先去洗手，为什么？因为他刚才只是偷偷抓了一小块大理石和一把石粉到上面做做样子，从头到尾，他根本没有改动原来的雕刻。

各位想想：如果米开朗琪罗不这样做，而跟那位官员争辩，会有这么好的结果吗？

与人方便，自己方便

赠人玫瑰，手有余香。与人方便，自己方便，在人际交往中，男孩不妨给别人一个台阶，那样你很有可能得到整个天空！

姚崇是唐玄宗时期有名的宰相。在姚崇的同学之中，有一位叫张宗全的秀才便是深谙做人、为友之道的高手，并因此受益而被姚崇提拔为三品高官。

一次，老师要姚崇与张宗全就某个题目做一篇文章，两天之后交卷。他们下去都精心做了准备，将自认为写得最好的一篇交了上来。事有凑巧，姚崇与张宗全所写的内容几乎完全一样，且观点也相当一致。这如何不使老师为之恼火？没想到自己门下最得意的两门生敢剽窃他人作品，这如何了得?

看到这种情况，姚崇据理力争，声明文章绝非剽窃。张宗全的作品也非剽窃他人，他为了平息老师的怒火，就对老师说："前两天与姚崇兄论及此题，姚兄高谈阔论，学生深感佩服，遂引以为论。"

老师听到这番话，也知错怪了两位学生，就平息了心中怒火。事后姚崇心里为此深感佩服，为张宗全的广阔胸襟所感动。姚崇当宰相后，遂向唐玄宗推荐此人，唐玄宗在亲自考核张宗全的才华之后，便封了他一个正三品官衔。

博大的宽容

这个世界并不需要更多悲痛的哀鸣和愤怒的责难，需要的正是男孩的博大的宽容。

2007年6月18日，巴西发生了一件令人震惊的事情。在巴伊亚洲首府萨尔瓦多市，一尊在露天场地放置了30多年的"球王"贝利的铜像，被人锯走了双臂。这尊贝利的铜像于1971年3月落成，是为了表彰"球王"贝利对巴西足球作出的巨大贡献而建立的。铜像位于巴伊亚洲首府萨尔瓦多市体育场边上，周围没有任何保护措施，考虑到贝利深受巴西人民的爱戴和尊敬，他的铜像是不会遭到破坏的。谁能想到，贝利铜像落成30年后，竟然有人残忍地锯掉了它的双臂。

在得知自己的铜像被人锯去双臂的消息后，"球王"贝利愤怒地对媒体表示："我发誓一定不会放过这个可恶的家伙，如果对我怀有不满，请直接来找我本人，而不应该偷偷摸摸地拿我的铜像撒气！"愤怒的还有巴西众多球迷，众多球迷协会纷纷站出来声讨这个可恶的家伙。萨尔瓦多市警方更是不敢懈怠，抽出精干人员对案件展开了侦破。不久，警察就在一个废品收购站找到了已经被分解成若干小块的铜像的手臂。顺藤摸瓜，根据废品站老板的交代，警察找到了犯罪嫌疑人——一个身无分文的流浪汉法比亚诺。法比亚诺对自己的罪行供认不讳，承认自己锯掉了"球王"贝利铜像上的手臂。为什么要这么干呢？他和贝利本人并无恩怨，之所以锯掉"手臂"是因为肚子太饿了，身无分文的他为了填饱肚子，就打起了铜像的主意。在夜深人静的时候，锯走了铜像的双臂。然后再锯成若干小块，卖到了废品收购站。按照巴西的法律规定：法比亚诺将被判处4年有期徒刑。如果被害人为他求情的话，法官可以酌情对其轻判。而现在的被害人是一尊铜像，是不会为法比亚诺求情的。这个时候，贝利本人站了出来。原本发誓不会放过犯罪者的他得知法比亚诺锯掉铜像的真实原因后，第一时间站出来为法比亚诺向法官求情，希望能减轻对法比亚诺的判决，他向法官陈述理由时说："他是不该锯掉'我'的手臂，但我不能忽视他锯掉手臂的原因，因为他要吃饭，要生存。我为自己的那双'手臂'能让他不至于挨饿而感到骄傲。现在我原谅了他，对他没有丝毫的怨恨。我们的城市里竟然有人为了不挨饿而采取这样危险的行动，应该引起我们每一个能吃饱饭的人反思，我们给予的太少了。他锯掉我的'手臂'，算是对我的一个惩罚吧。我乐意接受这个不体面的惩罚。"

最终，在贝利的恳求下，法官作出了最低限度的判罚：法比亚诺被判处一年零四个月的有期徒刑，并承担修复被毁坏的铜像的所有费用。身无分文的法比亚诺是拿不出钱来修复铜像的。在法院作出判罚后贝利对法比亚诺说："请不要担心，修复铜像的所有费用由我来承担，希望你早日恢复自由，到时，我带你去看看新的铜像。"法比亚诺泪流满面，他向贝利表示："我想，等我恢复自由后，我会成为一名哨兵，去守卫那尊铜像，不让它再受到丝毫的伤害。"贝利再一次征服了巴西球迷，不过这一次不是用球技，而是用他的宽容、大度和善良，用宽厚仁慈的爱去温暖一颗误入歧途的心灵。

向对手学习

古人云："举廉不避亲，举贤不避仇。"遇到比自己优秀的人才应该予以举荐，而不应该嫉妒。水清则无鱼，人清则无友。对朋友求全责备的男孩，往往是孤家寡人。

春秋时期的管仲，自幼丧父，与母亲相依为命。他天资聪慧，遇事好动脑筋，总要刨根问底，也愿意接近当地一些贤士名流。

当时，管仲家庭生活困顿，为生计所迫，他想学做买卖。他先是把母亲编的草帽拿到集市上去卖。草帽编织精美，但他要价太高，他觉得要价低了对不起母亲。结果整整一天，一顶也没卖出去。正在管仲又饿又困的时候，鲍叔牙路过。经过一番交谈，管仲的学识、修养令鲍叔牙对他刮目相看。当他了解管仲的身世后，对他更为同情。鲍叔牙把管仲请到旅馆住下，与管仲纵论天下大事，他对管仲的才干十分钦佩。鲍叔牙对管仲说："如果你愿意，咱们俩合伙做买卖吧。"管仲正愁没有钱呢，双方一拍即合，成为结拜兄弟。

管仲家里贫穷，做买卖的本钱都是鲍叔牙的，但是赚来的钱，鲍叔牙总是把多的一半分给管仲。管仲很是过意不去，鲍叔牙说："朋友之间应当互相帮助。你家里不富裕，就别客气了。"

过了一段时间，鲍叔牙和管仲一起去当了兵，向敌方发动进攻的时候管仲总是躲在后面，撤退的时候他又跑在了前面。士兵们议论管仲怕死，鲍叔牙替他辩解说："管仲家里有老母亲，他保护自己是为了侍奉母亲，并不是真的怕死。"管仲听到这些话后非常感动，感叹道："生我的是父母，了解我的是叔牙啊！"

后来，齐桓公在鲍叔牙的帮助下取得王位。齐桓公继位后，鲍叔牙官封宰相，身居一人之下，万人之上。而管仲则帮助齐桓公的对手公子纠。公子纠被杀后，管仲被囚。鲍叔牙知道自己的才能远不如管仲，便对齐桓公说："管仲是天下奇才，大王若能得到他的辅佐，称霸于诸侯则易如反掌。管仲并非与你有仇，只是当初效忠公子纠而已。大王若不计前嫌重用他，他也一定会忠于您。"

不久，齐桓公果真用了管仲，在管仲和鲍叔牙的辅佐下，齐国渐渐强盛起来。齐桓公终于成为春秋时期的第一个霸主。

俗话说："宰相肚里能撑船。"鲍叔牙身居宰相高位，能够为社稷的大业为重，向齐桓公推荐对手的门客，说明鲍叔牙的心胸广阔，没有私念，具有足以令人称道的品德。你也希望做一个心胸宽阔的人吗？那么，你从小就要学会与竞争对手合作，取长补短，努力提高自己的能力。对于比自己学习成绩好的同学不要嫉妒，要学会欣赏。

用谅解冰释前嫌

宽容可以冰释前嫌，可以赢得持久的朋友。一些误会使友谊出现了裂痕，用宽容使之消弭。男孩，你要记住布吕耶尔的名言："两个都不原谅对方细小过错的人，不可能成为好朋友。"

科学共产主义的主要创始人卡尔·马克思，1818年诞生在德国的特里尔镇，父亲是律师。马克思17岁时进入波恩大学攻读法律，随后又转入柏林大学，最后在耶拿大学获得哲学博士学位。

此后马克思开始从事新闻工作，在科伦为《莱茵报》当过一段时间的编辑。但他那激进的政治观点，不久就给自己惹出了是非，于是便迁居到巴黎。在那儿他遇到了弗里德里希·恩格斯，相同的政治观点使两人成为最亲密的战友，从此结下了终生的友谊。1848年，马克思和恩格斯共同起草了其拥有最广泛读者的著作《共产党宣言》，对世界的发展产生了巨大的影响。

当年，虽然马克思当记者时赚了些钱，但是他大量的时间都在伦敦搞研究，撰写有关政治学和经济学著作，在那些年月里，马克思和他的一家主要靠恩格斯的慷慨捐助来维持生计。马克思最重要的著作《资本论》第一卷于1867年问世。1883年马克思去世，另两卷还没有写完，后来恩格斯根据马克思遗留下来的笔记和手稿编辑整理出版。

马克思与恩格斯甘苦与共，直至生命最后一天，他们的真诚友谊令人称道。其实，他们相处期间也曾有过误会，是宽容使他们冰释前嫌，和好如初。

事情发生在1863年1月，恩格斯的妻子玛丽逝世，引起了恩格斯极大的痛苦。他写信给马克思，希望得到他的安慰。这时，马克思的处境也十分艰难。在回信中，他只用了一句话对玛丽的死表示不幸，接着就倾诉自己的困境。

恩格斯看后十分气愤，再次写信斥责马克思并暗示要与这位共处20年的老朋友绝交。马克思看完信后非常不安，他写信承认自己的过错，并做了耐心解释。马克思的坦率与真诚的态度感动了恩格斯，恩格斯随即去信表示了谅解，二人终于言归于好，直至马克思去世，他们都是最为诚挚的朋友。

原谅别人的轻慢

打破隔阂的唯一办法就是自省与原谅。宽怀待人，相互体谅。人们常说："严以待己，宽以待人。"生活中难免会遇到被人慢待甚或是轻侮，对此不必介意。你原谅了别人，就会多了朋友，少了对手。

林肯出身普通农民家庭，家境十分贫寒。他12岁的时候就不得不去做一名伐木工人。有一天，他遭到了同事的戏弄非常生气，回家后将事情告诉了继母萨拉，说要去同事家里理论。于是，母亲就给他讲了一个故事：

从前，有一个叫斑卜的人，以打猎为生，经常在山林里下套子捕猎。

有一天，他起获猎物时，却发现猎物已被人拿走了。他不会写字，就撕下一块树皮，在上面画了一张愤怒的脸，放在套子上。第二天，他发现在套子上夹了一张大树叶，上面刻了一个圈，圈里有房子和狗的模样。斑卜不明白是什么意思，他就在那片树叶上画了一个正午的太阳，以及两个人站在捕兽套子两边对话。次日，他发现一个印第安人在套子旁边等他。由于双方语言不通，印第安人就通过手势比划：这是他们的地盘，斑卜不可以在这里下套子捕猎。斑卜也比划着对方不可以拿走他人的猎物。

两个人都感觉出对方有些恼恨。斑卜想，与其多个敌人，不如多个朋友，他就把套子送给了对方，双方相安无事了。后来有一次，斑卜打猎时不慎跌下悬崖，他醒来时发现自己躺在印第安人的帐篷里，是他们救了他。从此以后，斑卜和印第安人成了好朋友。

讲完故事之后，萨拉告诉林肯，斑卜这样做，少了一个敌人，多了一群朋友。林肯听完故事就原谅了那个戏弄他的同事，慢慢养成了宽容大度的为人之道。

1836年9月，27岁的林肯参加了律师考试，并获得了执业许可证。于是，他决定到斯普林菲尔德开业。他在那里并无亲友，到达当天就十分寒酸。他在一家百货店前勒住马，问店主齐舒亚·斯皮德，单人用的被褥多少钱一套，斯皮德要价17美元。林肯说："价钱倒很便宜，可是我没有现钱。如果你肯让我赊账到圣诞节，我又能在这里顺利开业当律师的话，到时我一定如数偿还。万一我走背运，那就只好一辈子欠你的账了。"忧郁的面容、诚恳凄怆的语调打动了斯皮德，他对林肯产生了深切的同情。斯皮德慷慨地叫林肯和他合睡在商店楼上的一张双人床上。他们之间从此结下了终生不渝的友谊。

有一年，林肯因为一个案件到了芝加哥，那儿的同行看他是从小地方来的，没有人看得起他。在芝加哥，那些资历长的、小有名气的律师都看不起这些初出茅庐，而且又是外地的律师。这些律师怕和外地律师在一起会降低自己的身份。林肯去他们的办公室谈事，他们也慢待他，无论到什么地方，总是不愿意和林肯同在一处，也不愿意和他一起吃饭，把林肯晾在了一边。面对被人小看与慢待，林肯没有介意。后来，他回到斯普林菲尔德的时候说："我到了芝加哥，才知道我自己所懂得的是多么少，我要学的东西是那么多。"这种轻慢对于他来说是一种刺激，更是一种促进。

1846年，林肯作为辉格党的候选人参加了联邦众议员的竞选，他的对手是民主党的卡特赖，是一名牧师，他攻击林肯不承认耶稣是神，想以此破坏林肯的声誉。

有一次，卡特赖主持了一个宗教集会，林肯也参加了。卡特赖在宣道的中间突然说："一切愿意把心献给上帝和想进天堂的人，请站起来。"许多人站了起来。几分钟之后，卡特赖又说："一切不愿下地狱的人请站起来。"这一次，所有人都站了起来，只有林肯坐在那里不动。卡特赖自以为得意，马上说："我看到除一个人以外，你们所有的人都表示不愿意下地狱。唯一的例外是林肯先生。林肯先生，我可以问问你吗？你想到哪里去呢？"

林肯慢慢地站了起来，说："我是以一个恭顺听众的身份来这儿的，没料到卡特赖先生竟然单独点了我的名。我并不感到我必须像其他人一样来回答问题。既然卡特赖先生直截了当地要问我想到哪里去，我愿用同样坦率的话回答，我要到国会去！"不亢不卑的回答，既巧妙地避免了尴尬，又赢得了众人的好感。

最终投票结果，林肯以6340票对4829票获胜，当选联邦众议员。

对于被人轻慢，林肯不仅没有因此恼恨，反而更加激发了他的进取心。别人的轻慢不过是替林肯预备了一个梯子，使林肯爬到了荣誉的顶峰。

林肯遇到被人慢待，没有介意，原谅了他人，最终成就大事，不愧为一代伟人。你也希望像林肯那样，具有这样的精神境界吗？那么，你从小就应该培养良好的品德和修养，不要轻慢别人，对朋友多一些体谅。著名诗人惠特曼说：“藐视别人就是藐视你自己。谁若想在遭遇困境时得到援助，就应在平日宽以待人。”原谅是一种风格，是一个人胸怀和精神境界的真实体现。学会原谅的最好办法就是要记住并从心底感激他人对你的点滴帮助。

宽容是金

古人云：“宽容是金。”人生只有投入这个比金钱更可贵的“金”，才会获得比金钱更可贵的“福气”。人非圣贤，孰能无过。男孩对别人的过错要宽容，尤其要善待周围那些曾经有过错的人。这样，于人于己不无益处。

有一次，春秋五霸之一的楚庄王在军营里宴请众将领。他让众将领不分尊卑，尽兴畅饮。正当他们喝得高兴的时候，突然吹来一阵风，帐篷里的灯火都被吹灭了，大帐里一片漆黑。这时，有一位将领趁黑调戏了楚庄王的爱妃。这个妃子却十分机智，当这个将领拉扯她时，她顺手扯断了他头盔上的缨子。这个将军十分恐惧，以为马上就有可能丧命。

楚庄王的妃子把这件事悄悄告诉了楚庄王，并给楚庄王出主意：她已经扯断了调戏她的人头盔上的缨子，只要在点燃灯火之后，哪位将领的头盔上没有缨子，就可以查出他是谁，以便大王治罪。

楚庄王听了，不动声色，他命众将领在点燃灯火之前都扯断自己头盔上的缨子。

当营帐里灯火再燃起来的时候，众将领都已经拔去了头盔上的缨子，那个调戏楚庄王妃子的将军也就逃过了一劫。

后来，晋军进攻楚国。一名将军带领部下英勇作战，立了大功。楚庄王召见他时赞许说："这次打仗，你奋勇杀敌，才扭转了局势，使楚军取得了胜利。"这个将领泪流满面地说："臣就是两年前在酒宴中调戏大王爱妃的罪臣，当时大王宽容臣的过错，没有处罚臣，使臣感激不尽。从此以后，臣就决心效忠大王，等待机会杀敌立功。"

有人说，宽容是一种风度。楚庄王宽容出现过失的将军，让这个将军重新获得痛改前非的勇气，后来杀敌立功，有机会得以报效楚庄王的仁慈。同样，男孩在与他人相处中，也应该心胸大度一些，特别是认为他人有过失时，你要保持冷静和理智，克制自己的言行，给有过错的人多一点宽容，少一点指责。

第三辑

男孩子就要有毅力

坚持就是一切，生活就像海洋，只有意志坚强的男孩，才能到达彼岸。任何成绩的取得、目标的实现都源于男孩不懈的努力和执著的探索、追求；浅尝辄止，一暴十寒，朝三暮四，心猿意马，只能望着成功的彼岸慨叹，最后只能是两手空空。一个男孩必须经过一番刻苦奋斗，才会有所成就。不放弃是一种毅力，不服输是一种精神，男孩要培养自己坚强、执著、不服输的精神，学会勇敢地面对生活中的各种打击和挫折，锲而不舍、百折不挠地朝着自己的人生理想奋进。

坚强成就英雄

作家雨果说过：“人生的大道上荆棘丛生，这也是好事，常人都望而却步，只有意志坚强的人例外。”当你遭遇危难时，敢作敢为，果断地采取办法排危解难，才称得上是真正的男子汉。

提起巴勒斯坦，人们便会联想到亚西尔·阿拉法特，他用自己的一生造就了巴勒斯坦民族的当代史，他所追求的事业也影响了整个世界。

1929年8月4日，阿拉法特出生在一个典型的巴勒斯坦家庭。幼年时，他梦想长大了当一名工程师。如果不是巴勒斯坦民族多次经历磨难和战乱，阿拉法特也可能会成为一位出色的工程师。

在阿拉法特童年时代，父亲因为英国殖民者的挤压被迫离开加沙到埃及经商。面对民族的危难，少年时期的阿拉法特，就表现出强烈的正义感，开始投身于巴勒斯坦民族独立自由的伟大事业。他经常住在帐篷里体验战场生活，慢慢地喜欢了军事。

中学时代，阿拉法特参加了反对英国殖民统治的组织，在加沙和耶路撒冷从事反对犹太复国主义的秘密活动。1948年，第一次中东战争爆发，正在埃及开罗上大学的阿拉法特依然拿起武器走上了战场，为了民族解放事业抛洒热血。此后，阿拉法特全身心地投入到巴勒斯坦民族解放运动当中。

1952年，青年阿拉法特给埃及总统纳赛尔写了一封血书，期望埃及和整个阿拉伯世界不要忘记巴勒斯坦事业。1959年巴勒斯坦民族解放运动组织正式成立，简称“法塔赫”。第二年，法塔赫的军事组织“暴风部队”成立，阿拉法特担任总司令。1965年1月1日，暴风部队在阿拉法特的指挥下开始了针对以色列的武装斗争，这一天成为巴勒斯坦的革命爆发日。经过不断的游击战和第三次中东战争，“法塔赫”的影响逐渐扩大，但却失去了在巴勒斯坦的立足之地，被迫转移到约旦境内。

1968年，阿拉法特在约旦亲自指挥了著名的卡拉马保卫战。这次战役后，阿拉法特当选为法塔赫执委会主席，第二年成为巴勒斯坦解放组织执委会主席，阿拉法特成为巴勒斯坦解放事业的最高统帅。

没多久，由于巴勒斯坦解放运动组织的武装力量在约旦不断扩大，与约旦王室政权的矛盾日渐尖锐，双方终于爆发了严重的军事冲突。失败后，阿拉法特不得不带着巴勒斯坦解放运动组织总部离开约旦转移到黎巴嫩、叙利亚等国家。面对这些挫折，阿拉法特丝毫没有退缩，他锲而不舍，继续推动巴勒斯坦的解放事业。

1974年11月13日，45岁的阿拉法特第一次出现在联合国大会上，进行了著名的演讲。他说：“我是带着橄榄枝和自由战士的枪来到这里的，请不要让橄榄枝从我的手中掉下。”从此全世界在这里认识了阿拉法特，也看到了巴勒斯坦民族的领袖。世界了解了阿拉法特，也了解了巴勒斯坦民族。

经过多年的艰苦斗争，1988年阿拉法特在突尼斯宣布建立巴勒斯坦国。1994年7月12日，阿拉法特终于再次回到已经离别27年的巴勒斯坦。当年，阿拉法特与其他两位《奥斯陆协议》的签署者共同获得了1994年诺贝尔和平奖。

在磨砺中成才

在苦难面前，往往是弱者越弱，强者越强；一个人面对苦难，不是被它击倒，便是变得更加坚强。成功者的一大优点是，他们能够乐观地面对艰难的遭遇，百折不挠，坚持笑到最后。要做个出类拔萃的男孩，就要有战胜困难的勇气和决心。

一百多年前，一个男婴降生在俄罗斯一个普通的木匠家庭里，他的全名叫阿列克赛·马克西莫维奇·彼什科夫。

彼什科夫的童年几乎总是与不幸连在一起。5岁那年，他的父亲去世了，母亲只好带着他投奔开染坊的外祖父。外祖父家的人口多，家里开销大，然而赖以生存的染坊却越来越不景气了，一大家子人的生活非常艰难。

在彼什科夫10岁那年，不幸的事情又发生了——母亲因为一场急病离开了人世。紧接着，外祖父的染坊又面临破产。无奈，彼什科夫只好辍学进了一家鞋厂当学徒。每天不停地擦鞋、干杂活，老板还不让他吃饱饭；如果干活慢一点，就要受到老板的打骂。

彼什科夫实在不堪忍受屈辱，便离开了鞋厂，来到一条船上当了洗碗工。在那里，他干活十分卖力，船上有个胖厨师非常喜欢他，一有时间就给他讲故事，还把自己的书借给他看，这使彼什科夫感到非常温暖。可是，有一次，他在烧茶时，因为看书入迷，不小心把茶炉烧坏了，船主一边打一边还喊叫着：“你干活竟敢看书，我打死你！”他被辞退了。

不久，彼什科夫来到一家画铺当帮工，干完活后，他回到房间看书。突然，女店主闯了进来，凶狠地骂道："穷小子，不好好睡觉还看书，浪费我的蜡烛！"她一边骂着一边用木棍狠狠地打他。

女店主为了不让彼什科夫看书，限定他每天只能点一小段蜡烛。"你一天只能用这么一点蜡烛，超过了，我就打死你！"彼什科夫每天干完繁重的杂活，就躲到阁楼上去看书，为了能够多看一会儿书，他刮下蜡烛燃烧时流到底座里的蜡油，自己动手做了一支小蜡烛。深夜，他就点燃这支小蜡烛读书。

有道是："宝剑锋从磨砺出，梅花香自苦寒来。"童年的苦难并没有把彼什科夫击倒，反而让他变得更加坚强，更加执著地对待生活。他始终没有退缩，而是勇敢地迎接着生活给予他的一切。最终，他成为了著名作家，他后来的名字是高尔基。

勇敢精神是男孩子必须具备的

英国哲学家弗兰西斯·培根曾经说过："智者'创造'的机会，比他'遇见'的多得多。"学习也罢，做事也罢，创业也罢，无不需要勇敢精神。一个男孩只要拥有了这种勇敢精神，一切困难都会给他让路的。

很多年前，有一个8岁的小女孩，去教士家学刺绣。教士家里养了一群鹅，每当这个小女孩走到教士家门口时，便会有一只凶猛的公鹅，本能地朝小姑娘扑来，有几次还啄了她。有一天，小女孩看见公鹅尖叫着又要扑过来，她被吓得大哭，转身跑回了家，她告诉母亲，说再也不想去学刺绣了。

小女孩的母亲劝她继续学下去，小女孩说，如果没有人做伴，她是再也不敢去了。小女孩的父亲找了一根长长的棍子，交给5岁的儿子，他对儿子说："希望你的胆子比你姐姐的大。"并叮咛儿子："如果那只公鹅再朝你们扑来的话，你尽管大胆迎着它走去，然后用棍子狠狠打它，它就会跑掉，不敢再啄你们了。"

小男孩跟着姐姐来到教士家，刚推开院门，那只公鹅便警觉地伸起了脖子，发出嘶哑的尖叫声，笨拙地向他们姐弟俩冲了过来。小女孩又吓得哭喊着转身就跑，小男孩也想跟着姐姐跑，犹豫之间，他忽然想起了父亲的话，于是，闭上眼睛，颤抖地伸出了手中的棍子，在周围一通乱打。那只公鹅终于害怕了起来，沮丧地叫着回到鹅群中去了。

这个小男孩后来成为德国著名的科学家、发明家，世界500强企业之一西门子公司的创始人，他的名字叫维尔纳·冯·西门子。

西门子于1816年12月3日出生在一个佃农家庭，幼年因家境贫寒没有接受正规教育，直到11岁才被送到学校读书，中学还没有正式毕业便当了一名普鲁士炮兵。在父母双亲去世后，西门子挑起了家庭重担，在青年时期就开始尝试进行发明创造，他希望以此来改善家庭的经济状况。

西门子二十多岁时，贸然在一次决斗中充当决斗者的副手，不幸被判入狱，他没有因此消沉，在这期间，他学习了电镀知识，发明了电镀镀银和镀金技术，获得了1600英镑的专利转让费，赚来了他人生的第一桶金。1846年西门子发明了指针式电报机，这是他在电报领域的第一个划时代的开发，也奠定了西门子公司最初发展的基石。

后来，西门子在他的自传里说："童年的那点启示，使我终生受益，它不知不觉地给了我无数次的鼓励：遇到切身危险的时候，不要回避，要大胆迎上去，加以痛击。"

坚忍与执著

在人生道路上，男孩需面对许多选择，这就要你懂得取舍，坚定地取，果断地舍，才会最终如愿以偿。

著名歌手郑钧出生在西安一个知识分子的家庭。童年时，父亲因病辞世。这是他人生道路上遇到的第一次重大打击，也就是在这个时期，他养成了独立生活的能力与坚毅的品格。

郑钧于1987年考入杭州电子工业学院工业外贸专业。在大学中开始建立了他与音乐的“缘”。在校期间，他听到了许多英、美二十世纪六七十年代优秀的流行音乐和摇滚音乐，知道了一些杰出的歌手、乐队及其作品。

他用生活中节省下来的钱买了一把木吉他，在没有任何音乐基础的前提下，开始如醉如痴、不知疲倦地练习。他已深深爱上了音乐。这时摆在他面前的有两条路：一条是学好专业，将来做个出色的商人；一条是发展自己的爱好。很明显这两者是无法兼得的。选择一条，就必将牺牲另一条。经过痛苦的思索，郑钧以牺牲专业为代价，毅然地离开了学校，全身心地投入到音乐练习当中。

这在当时绝对是一个大胆的行动。然而，随之而来的两年的冷遇让他饱尝了绝望。冰冷的现实令他难以平静地面对，于是他躲进音乐里苦苦地追寻。

凭着一份坚韧和执著，他终于等到了机会，他结识了北京著名音乐经纪人郭传林。那是一次非常偶然且戏剧性的相识，郭传林听完郑钧的歌曲小样后对他大加赞赏，当即把他推荐给红星，红星以敏锐的洞察力看出了郑钧的潜质，并鼓励他继续从事音乐创作。而红星所表现的对音乐人才的诚意与高水平的制作水准也吸引了这位热爱音乐的年轻人，以至于郑钧决定放弃出国的打算。1992年的7月，郑钧与红星签约，成为一名职业创作歌手。

随后，在1994年6月他发表了首张个人专辑《赤裸裸》。1998年初，经过全国及整个东南亚华语地区听众投票选举，郑钧荣获1997年度卫星电视音乐台“CHANNEIV”颁发的“神州最佳男歌手”奖项，此为内地歌手首次获此殊荣。1999年4月1日，其第二张专辑《怒放》由上海音像正式发行。上市不到5天，第一批20万盒卡带全部售罄。北京、上海等许多大城市出现断货局面，上海音像高层人士直言“已许多年没有出现这样的景象了。”

成功后的郑钧依然孜孜不倦地摸索、奋进。正是当时正确地做出了“李代桃僵”的选择，才有了今天的郑钧。

理想要靠自己的坚持

经历了许许多多由形势捉弄了的人和事，人们是否可以说形势的本身就是无常的，也是无情。唯生命中拥有伟大民族之魂者，才能够在变化不定的形势中锲而不舍地求索，从而显现出永恒于人类的感情。一个男孩亦是如此。

王洛宾是位青史留名的歌曲作家，他的代表作《在那遥远的地方》、

《半个月亮爬上来》成为20世纪华人音乐经典获奖曲目，连同他的《掀起你的盖头来》、《大板城的姑娘》、《花儿与少年》等，都是人们百唱不厌、随时随地用来抒发情感的精神食粮。他数百篇作品的成绩取得，则完全是他在政治的“夹缝儿”更客观地对待客观环境，不仅仅求取生存，而且精心于用民族之魂来武装自己，为自己热爱的歌曲创作，百折而不挠的结果。

王洛宾在北京师范大学音乐系毕业时，正值抗日战争，他参加了丁玲组织的西北战地服务团。途经六盘山时，遇到了一个叫“五朵梅”的“花儿”歌手，王洛宾请她唱“花儿”，她就唱了首《情人走西口未归》：“走哩走哩越远了，眼泪花儿飘满了，眼泪花儿把心淹下了。心里的惆怅重了。”王洛宾听呆了，惊叹这奇异迷人的西部民歌。从此，他像一个酒徒，迷醉于民歌的浓醴之中了。后来，战地服务团被国民党解散，王洛宾的妻子也另有新欢。他到了青海牧区，在蓝天，白云、绿草间，有一个名叫卓玛的俊俏狂野的藏族姑娘，走进了他的生活，日夜萦绕在他的脑海里。于是，他的创作灵感迸发了：“在那遥远的地方，有位好姑娘，人们走过她的帐房，都要回头留恋地张望……”他写了这首诗，随后，怀着未能展开的情团，上路了。他坐在两个驼峰之间，望着迷失在天际的帐房时，旋律如潺潺流水般涌现了出来，为诗插上了飞翔的翅膀。这首歌后来被收入在一部反映哈萨克民族风情的歌剧《沙漠之歌》中，因歌剧的演出成功而轰动。就在这首歌传唱海内外时，王洛宾却厄运横生，先后度过了近二十年的监狱生活。先是在1941年，因为他曾是西北战地服务团成员，被国民党划为“左派”，坐了三年半的牢，一个当地国民党要员看他不问政治，只痴民歌，就放他出来，还给了个上校军衔，让他专门从事民歌的整理和创作。新中国成立后因为他国民党上校的身份，险些遭受到镇压，但几年后还是被划成了“右派”，接着又是15年的监禁生活。难能可贵的是，如此坎坷的遭遇，并没有毁灭他对民歌的热爱，并没有扼杀他创作的激情，他“难得糊涂”地对待不公平的命运，背负着神圣的民族之魂，向着自己热爱的事业，仍旧一步一步地走上去。当然，王洛宾能得以活着看到自己创作的收获，总体来说，还是幸运的，使他的人生拥有了一个“圆满”结局，更为幸运的是他得到了台湾艺人凌峰的赏识，和著名女作家三毛的相爱，从而让他的名字复活了。然而这一切，是他只有对严酷形势下的命运，能够淡然地进行对待，并把不屈的民族之魂藏入心田，随同血液的流动通贯全身，经久不息，才得以可能的呀！

坚守自己信念的条件

在现实生活中，大凡有一定理想抱负、天资聪明，但出身贫穷，日子窘迫的男孩，在自己向往的兴趣爱好与聊为衣食之源的工作面前，几乎都会经历一次乃至多次抉择。如果不能热烈追求自己喜欢的行业，就不可能在短时间内把精力集中地投放在兴趣爱好上，并锲而不舍地干出一番成绩来。所以说，目光短浅，只顾眼前利益的男孩，是很难有大出息的。

法国著名作家大仲马，最初为谋生的需要，不过是在奥尔良公爵府当书记员，很称职的。他却在这一时间根据自己的爱好，进行了剧本写作，把《亨利第三和他的宫殿》的本子朗读给他人听，得到了一片喝彩声。这时，总管找到大仲马，很严肃地通知他，是继续当书记员，还是搞文学，让他从二者中进行选择。继续当书记员，无疑是一份不错的工作，可以解决衣食之忧；而从事写作，他只是按照自己的兴趣写了点东西，根本没有名气，以后能否挣来饭吃，还是两可之间的事。这样的选择，的确有点让大仲马为难。在自己的未来发展和衣食来源之间，大仲马倾心于前者，因此他不卑不亢地回答说："我不辞职。至于我的薪水，如果每月115法郎对于公爵殿下的预算是一种负担的话，那我就放弃不领好了。"从中可以看出他既向往自己爱好的事、对这份工作也存在依靠的感情。

但是第二天，他的薪水还是停发了。一个从穷乡僻壤来的年轻人，只好集中精力，作破釜沉舟的一搏了。果然是"天生我材必有用"，他的努力得到了一些有识之士的认可，很快打开了局面，有个大银行家愿意给他3000法郎，条件是要他把剧本的手稿存放在银行家的金库里。同时，大仲马的剧本被法兰西剧院接受了，并且演出取得了巨大成功。最后谢幕时，报出了这个穷光蛋作者的名字，全场观众，包括公爵在内，都站了起来。从此，大仲马把他的人生精力，都集中地投入到文学写作中去，发挥了他的天才，成为法国著名的作家。

成功之路是一点点走出来的

成功之路，是一点一点走出来的。在前进的道路上，并不是一日千里，也不可能一暴十寒。它是一个循序渐进的过程，有时候，甚至是一寸一寸的前移。

摩托罗拉创始人保罗·高尔文的创业之路充满坎坷。他在哈佛认识的朋友爱德华·斯图尔特是斯图尔特完善反射无线电公司的负责人，已在无线电领域活跃了好几年。他试图邀高尔文和他共图发展。于是，他向高尔文提议办一个蓄电池厂，并像一个传道者一样鼓吹了这个计划。这正和高尔文的设想不谋而合，他立刻同意了。1921年7月15日，斯图尔特电池公司大吹大擂地在威斯康星州的马什菲尔德成立了。高尔文在工作中一如既往地孜孜不倦。

这种努力的工作给他带来了收益，报纸终于把斯图尔特－高尔文公司称作“马什菲尔德市制造业中最大的工厂之一”。

但是，由于公司的地址选择有误，运费昂贵，加之正好赶上美国全国性的经济衰退，他们的公司倒闭了。高尔文只能打道回府。他和妻子以及10个月的儿子搭乘破旧的汽车返回伊利诺伊。当时，高尔文口袋里仅剩一元五角钱，连供他们途中吃饭都不够。

高尔文不得不四处为人打工。就在他在新的公司步步高升，做了销售主管时，爱德华又来找他。爱德华通过他父亲的关系买下了原来斯图尔特电池公司的残余部分，并将厂房搬到了交通便利的芝加哥皮奥利亚街的一处房子里。他们感到这次对电池公司扩展销路有了把握，雷厉风行的高尔文立刻答应了斯图尔特的邀请，辞去在新公司的职务，再次走上和斯图尔特合作办厂的路。

斯图尔特公司的电池业务相当兴隆。1926年，美国的无线电再次有了飞跃性的发展，他们都感到利用交流电而不用电池的收音机出台只不过是时间问题而已。斯图尔特用一种叫A－替代器的小发明来解决这个问题，这种替代器可以给用完后的电池再次充电。为了购买部件、装配生产线并投入生产替代器，高尔文出资买下了公司的一部分股份。

令他们始料不及的是，公司生产的替代器出了质量问题，退货的人很多，他们的境况又变得不妙。此时，他们立刻将已装运出去的替代器调回来，开始了一个日夜连轴转的工程计划，以排除毛病。但竞争激烈的市场没有给他们时间，顾客们马上投向别的公司。由于资金不畅，行政法官立刻驾临斯图尔特电池公司，将它封闭了。高尔文又一次面临灭顶之灾。

但高尔文心中并未完全放弃对替代器的希望。他作了一番市场考察后，在公司产品的拍卖会上将替代器买了回来。当时亦有许多商家看好替代器，但他们对替代器的前景缺乏信心，又被高尔文的出价吓倒，最终让高尔文买下了自己倒闭公司的产品。

高尔文用四处筹集的钱终于再次将工厂办了起来。在以后的几年中，公司买卖兴隆，发展迅速。

让自己跌到谷底

贫穷，失业，患病，失意，这看似可怕，其实未必是件坏事。许多时候，男孩只有当跌到了人生的谷底，远离了欲望喧嚣，才能彻底看清自己，知道自己要走什么路。

有一个人，出生在美国一个普通家庭，家里的经济条件很差，他的父亲是开小旅馆的，没赚到什么钱，勉强供他念到大学。

大学毕业后，他在一家杂志社谋到一份差事，并开始在报纸上发表文章，他雄心勃勃，想要成就一番大事业。几年过去了，他发表了不少文章，但仍然没有成名。他认为整天写豆腐块没出息，于是考虑写长篇小说。28岁那年，他终于写出了一部小说，但作品出版后，反应平平，他既没有赚到钱，也没有获得期望中的名声。他的心一下子沉了下去，他开始怀疑自己的能力。恰逢此时，他和杂志社老板闹意见，老板一怒之下，炒了他的鱿鱼。此处不留人，自有留人处，他气愤之至，卷起被铺就走人。他四处求职，可是身上的钱已花得差不多，工作还没着落，他越来越穷困潦倒。偏偏这时，一场人生的灾难骤然降临，他病倒了。

医生告诉他，这种病在短期内没法痊愈，需要长期住院观察，他听了，感到人生被画上一个圆圈，他彻底绝望了。

日子在一天天过去，病情仍未见好转，他躺在床上什么都不做，感到全身空洞洞的，他开始胡思乱想起来。一天他忽然想，何不找些轻松的书籍来阅读，譬如推理小说之类的呢？

说看就看，他真的找来几本看起来。两年后，他出院了，竟在不知不觉间看了两千多册书。或许是潜移默化，或许是其他原因，总之，他渐渐喜欢上推理小说，最后，他干脆写起推理小说来。让他感到惊讶的是，他觉得自己竟然很适合写推理小说。

不久，他就写出一篇，便把它小心翼翼地送到编辑手上。让人深感意外的是，这篇名叫《班森杀人事件》的推理小说，一出版就大受欢迎，他由此迅速走红。

他叫范达因，是美国推理小说之父。他创作的《菲洛·万斯探案集》，成为世界推理小说史上的经典巨著，全球销售量达8000万册。

自己打磨自己

一个男孩，只有完全明白“只有在苦难和挫折中，自己深深体会其中的道理，才会取得进步”的道理，自己打磨自己，才能在人群中脱颖而出。

一个朝气蓬勃的年轻人到一家杂志社实习，在这里他遇上一位以严格要求和博学多才而闻名的编辑，年轻人每次交稿时，这位编辑总是一句话：“如果你对某一个字的写法没把握，就查字典。”并且规定，年轻人每天得写一篇文章放进编辑桌上的盒子里。哪天没有，他就敲着桌子说：“文章呢？”

这样，在日积月累的岁月中，年轻人的文章一天一个样。他后来在写作上取得很大成就，并参与了美国独立宣言的起草。

这位年轻人就是美国著名的科学家、民主主义革命者乔治·富兰克林，指点他的那位编辑名叫费恩。富兰克林一直以一种敬畏和崇拜的心情按照费恩的严格要求磨砺自己，终于取得了成功。后来，费恩去世了，富兰克林在整理费恩的遗稿时，看到了这样一句话：“我不是你心目中的那个人，我并不懂写作。每个单词都得查字典，一篇要看上几十遍。我给自己创造了一个权威的形象。你让我教你，我尽量去做，其实多数时候是你自己在打磨自己。”

自己打磨自己？富兰克林简直不敢相信，指点自己写作的权威竟然近似于写作盲！自己的写作才能竟然就是自己在一天一篇的积累中打磨出来的。老编辑只不过是对他持之以恒的严格要求而已！

想赢就不要怕输

站着是根柱，躺着是根梁。渴望成功的男孩首先在精神上不能认输。也许我们也曾是失败者，但要有战胜失败的勇气。没有这点精神和勇气，那可能永远都是个失败者。成功给我们的不是永远不败的保证，而是新的起点。失败也不是成功的终止，而是奋力进取的起点。在我们面前，成功与失败同样都是开始！

一贯谈笑风生的人却因榜上无名而泪流成行；深信“不想当元帅的士兵不是好士兵”，然而刚开始的“将军梦”已经破灭；志比天高并发誓要干出一番事业，结果“有志者”事未成……于是，有些男孩深深感叹：成功为什么与我无缘？失败为什么那么“青睐”我？

成功是许多男孩的向往，但不是每个男孩在每件事上都能如愿以偿，获得成功。高考落第或遇到意外之事不一定就是失败，而金钱、权力、名望等身外之物，并非成功的标志。即使失败了，也不可消沉。

我国宋代的苏洵，两次科场失利，后靠自学成才，成为唐宋八大家之一。明朝的李时珍，三次考举均告失败，后立志学医，完成了医学经典《本草纲目》。清代的蒲松龄，考举人也是“屡战屡败”，后刻苦攻读，最终写出了著名的《聊斋志异》。我国现代著名学者周谷城先生，年轻时考北京大学未上录取分数线，但没有妨碍他在历史、哲学等领域取得成就。

所以，暂时失败的男孩不要气馁、消沉。“条条道路通罗马”，榜上无名，脚下有路。只要努力进取，成功迟早会属于你。

有些男孩常常把“成功”的结果都拉到主观原因这边来，往往把“失败”的一切后果都推到客观原因那边去。其实，成功取决于多种客观条件，也就是说通常不仅仅凭主观或客观的某一方面条件即可成功。因此，要让成功向你招手，首先需要对自己的主客观条件作充分的分析，看看自己具备哪些条件，存在哪些不利方面，然后确定一个切合实际的成功目标。只要这一目标既有益于社会，又能充分发挥你的潜能，就有望获得成功。

北京军区某部志愿兵张明宪是一位成功者，他研制的“防化训练模拟沾染检查仪”获奖，部队为此还给他记功。他研制“检查仪”的想法出于解决战士训练的迫切需要。他看到连队战士在进行防化沾染检查训练时，需要“二氧化氯盐酸溶液”。可这种溶液不但价格昂贵，而且还含有放射性物质。因此，上级有关部门很少给部队配发，使得侦察兵的沾染检查课目训练只能比划一下样子。部队的训练质量连续9年原地踏步。张明宪看到这个情况，心里挺不是滋味，他决心研制一种不用“二氧化氯盐酸溶液”也能进行沾染检查的训练器材。

在研制“防化训练模拟沾染检查仪”时，难关一道又一道，试验一次又一次。张明宪自己都记不清失败过多少次，以至于有人笑他光有失败，没有成功。他心里却很坦然：谁不希望自己成功？谁又愿意失败？应当把缩短成功距离的每一次失败视为一种成就！他的看法正是代表了成功者的一种失败观，即“不言败”。

失败，就是我们平常所说的挫折或碰钉子。从心理学的角度看，失败后的心态往往是人们从事某种活动中受到干扰或障碍时出现的情绪状态。

人们常常比喻：困难像弹簧，你软它就强。其实失败也是如此。在成功的道路上，遭遇失败往往不以人的意志为转移。有时成功未获，先尝苦果；壮志未酬，先遭失败。追求的成功目标越高，就更容易遭受挫折和失败。碰到失败以后出现苦闷心情或低落情绪，是可以理解的，但回避失败的态度却不可取。世上没有天生的成功者。你的所谓失败只是证明你离成功尚有一段距离。成功只是生活的一部分，失败—成功—再失败—再成功，才是生活的全部。但从数量上看，失败的次数常常超过你获得成功的数量。我国数学家华罗庚曾经说过："成功的论文和作品只不过是作者们整个创造和研究中的极小部分，甚至这些作品还不及失败作品的十分之一。"钱学森教授有句名言："没有大量错误做台阶，也就登不上最后正确结果的高座。"

有些人认为，"失败多于成功"这种看法似乎有点夸张。人民文学出版社出版了《圆了彩虹》一书，其中介绍吴冠中先生"烧房子"的一段佳话，也许能解除我们的疑虑。

我国著名画家吴冠中先生认为，任何画家都走过弯路和歧途，都会留下一些失败之作。为了维护艺术的纯洁神圣，为了维护读者和收藏者的权益，吴先生决定不让谬品流传！于是吴冠中先生动手毁画——毁掉不满意之作。经过清理，撕的撕，毁的毁，撕下和毁掉的纸渐渐堆满了画室。家人帮着把这些纸抱下楼用火烧，吴冠中先生站在画室窗前俯视院子里跳动的火苗和围观的孩子。邻居们惋惜地说："吴先生在烧房子。"意思是说，吴先生的画价值连城，烧掉这么多画，等于烧掉不少值钱的房子！

也有一些人对"失败多于成功"另有看法。美国国际商业机器公司创始人沃森的看法是：取得成功的方法就是增加失败的比率。美国堪萨斯市一位叫布莱斯的人说："我从未在网球赛中输过，从未在竞选中失败过，也从未在独唱时失过声。原因是我从来就没有干过这些事。只有敢于一试的人才有失败之虞，所以避免失败很容易！"尽管他们的话说的幽默，但从另一个侧面告诉我们：失败多于成功！他们的话看起来说得很“轻松”，却道出了一个道理：获取成功可不轻松！有没有战胜失败的勇气，勇气有多大，是获取成功的重要前提。

爱迪生作为发明家已家喻户晓，但他也曾是一位“失败者”。或者说，他在发明创造中经历的失败与挫折，并非人人皆知。

爱迪生在试制电瓶时，曾做过5万次试验，一直未取得成功。对此，爱迪生没有气馁，仍坚持继续试验。见到这位发明家屡遭失败与挫折，有人问道：“你一而再，再而三的失败，何苦还要往这条死胡同里走呢？”爱迪生听了乐呵呵地回答：“失败？我没有失败，我的收获可大了。因为现在我已经知道，有5万种试验电瓶的方法是行不通的。”

“我没有失败”，并把失败看做是“收获”，这不仅体现了一个“失败者”的乐观精神，也充分体现了“失败者”的勇气。

正是因为他具有这样的勇气，坚持试验，才最终取得了研究的成功。爱迪生战胜失败的勇气，和他留给我们的发明专利一样，都是十分宝贵的财富。

自己才是财富的源泉

男孩只有自强，靠自己的努力才能获得财富。事实也证明，“自己”才是财富的源泉。

二战结束后，从战场上回来的斯梯尔在百事可乐公司谋得了一个货车司机的职位。经过20年的奋斗，他从一个普通员工一直干到了百事可乐公司总裁的职位。

斯梯尔可谓临危受命，因为从19世纪末到20世纪，美国的可口可乐风靡全球，一直是全球软饮料行业的龙头老大，曾经有很多人试图仿制出可口可乐那样的饮料，但是结果毫无例外，全让正牌的可口可乐击败了，而百事可乐公司自1898年开始创办，由于经营不善，只能在市场的边缘求得一点生存空间。斯梯尔上任后，专心致志，聚集所有力量来与雄霸天下的可口可乐竞争。

他先是把市场定位于战后的年青一代，选用散发青春活力的俊男美女做广告，通过庞大的广告攻势发出“百事可乐：新一代的选择”的口号，宣扬“饮百事可乐，突出你的青春健康形象”。这个广告含沙射影地讽刺拥有百年历史的可口可乐是老古董，配不上美国年轻人四射的活力。

然后，百事可乐又别出心裁地推出不同分量的包装，既可以把一大瓶百事可乐放在家里，全家一起饮用，也可以让年轻人买小瓶的单独享用，而当时的可口可乐始终只有一种分量的包装。

后来的一天，人们突然在电视广告里看到了这样的画面：百事可乐公司在一些公共场所邀请人们同时饮用可口可乐和百事可乐，在品尝之后，请他们评价两者的味道。结果因为很多人喜欢吃甜食的心理，在没有名牌效应的情况下，大多数人都比较喜欢百事可乐的味道，因为百事可乐比可口可乐略甜。于是那些参与测试者喜欢百事可乐的神情，都被拍摄下来，出现在电视上，斯梯尔采用的这种市场测试法大获成功，最后推广到世界各地的可乐市场上。

试味道这一招对可口可乐高层的震动很大，他们开始检讨在可乐的味道上是否已经不能符合公众的喜好，因此做出了改变旧配方的决定，把可口可乐的甜味提高。

谁知可口可乐这一反应正中了斯梯尔的圈套。在可口可乐改变配方当天，斯梯尔马上宣布给百事可乐员工一天临时假期以示庆祝，并且还在美国各大城市的闹市区免费派发百事可乐，搞得这一天像是百事可乐的大喜日子。不但如此，斯梯尔还乘胜追击，推出一则新广告，在广告片上，先提出一个问题：“为什么可口可乐要改变配方？”然后就是一位靓女在喝了一口百事可乐之后，恍然大悟，面露喜色地说：“噢，现在我知道了！”

这一下，百事可乐把可口可乐打得狼狈不堪，可口可乐销量暴跌，而百事可乐销量暴升。本来奄奄一息的百事可乐公司终于可以和可口可乐分庭抗礼了。

沧海不负有心人

俗话说：“只要工夫深，铁杵磨成针。”西方一位哲人也曾说过，成功的秘诀在于恒心。男子汉大丈夫，做事应该有恒心，认准目标，不达目的不罢休。

当年，西班牙殖民者对殖民地的财富进行了疯狂的掠夺。他们在南美洲发现了富含金银矿和其他稀有资源之后，便肆意在这片新大陆上开采矿山，加工冶炼，然后将无数金银财宝用船运往本国。

在将这些金银财宝运往西班牙的过程中，殖民者的运金船队最害怕在海上遇到海盗和飓风。为了对付海盗，每支运送财宝的船队都配备了装备大炮的护航船，阿托卡夫人号就是这样一艘护卫船。1622年8月，阿托卡夫人号护送由29艘船组成的大型船队，载满财宝从南美返回西班牙。最贵重的财宝就放在阿托卡夫人号上。

在这次航行中船队没有遭遇海盗，却遇到了飓风的袭击，虽然阿托卡夫人号船坚炮利，对飓风却是无可奈何。当船队航行到加勒比海海域时，飓风席卷了船队中落在最后的5艘船。其中阿托卡夫人号由于载重量大，航行速度最慢，最先遭到灭顶之灾，船很快就被大洋吞没，沉入了深达17米的海底。其他船只上的水手见此情景纷纷跳入水中，希望从阿托卡夫人号上捞出一些财宝。就在他们找到阿托卡夫人号的残骸，准备打捞一些金条时，突然一阵更大的飓风袭来，顷刻间，大洋里掀起了几十米高的海浪，所有在水下的船员无一生还，与阿托卡夫人号一起葬身海底。

三百多年之后，有一个叫梅尔·费雪的人，他于1955年成立了一个所谓的“拯救财宝”公司，专门在美国南加州一带海域寻找西班牙沉船。在这个公司成立之后的20年里，梅尔·费雪先后打捞起了6条西班牙沉船，通过拍卖沉船上的金银财宝、文物古董，他赚了大把钞票，成为打捞沉船圈内的名人。

不知不觉，梅尔·费雪到了退休的年龄，不过他不愿意放弃这个一本万利的好买卖。另外，他此前曾发誓一定要找到传说中满载金银财宝的阿托卡夫人号。为了这个梦想，费雪的妻子支持丈夫继续寻找，费雪的儿子和女儿陪着父亲一起下水，在海底寻找他们的梦想。

阿托卡夫人号的沉没位置没有任何资料记载，费雪一家人也找不到丝毫线索，只能靠人力在南加州一带搜寻，因而他们在搜索中一丝不苟，不敢轻易放弃任何蛛丝马迹，只要看到不是石头的东西都要用金属探测仪进行探测。

经过了30年的持续搜寻，1985年7月20日，费雪和家人终于找到了阿托卡夫人号和上面数以吨计的黄金。这个号称海底最大宝藏的沉船上有40吨财宝，其中黄金就有近8吨，宝石也有500公斤，所有财宝的价值约为4亿美元。

有意思的是，梅尔·费雪寻找阿托卡夫人号的经历，成了美国版的“铁杵磨成针”的故事。英语“寻找阿托卡”竟然也成了常用短语，意思是“坚持梦想，必会成功”。

作家席勒说：“只有恒心可以使你达到目的，只有博学可以使你明辨世事，真理常常藏于事物的深底。”梅尔·费雪发誓要打捞阿托卡夫人号，30年里矢志不渝，最终梦想成真，贵在他能持之以恒。男孩，你也希望实现自己的梦想吗？那么，你从小就要培养恒心。你可以确定一个小目标，然后专注地去实施，长此以往，你就能够实现自己的梦想。

志在必得

成功者都有一种甘于吃苦耐劳、不怕困难、勇于走向成功的强烈信念。这正是他们迈向成功的动力源泉。胸无大志者忙碌一生终难成大事，只有志在必得者，才会造就辉煌的成就。一个男孩只有坚守信念、锲而不舍、志在必得，才能登上事业的顶峰。

马特洪峰海拔高4478米，是欧洲阿尔卑斯山系最著名的山脉之一。几十年前，有一支由业余爱好者组成的登山队准备攀登马特洪峰的北峰。他们的攀登活动引起了当地新闻媒体的关注。

在这些登山队员开始攀登前，新闻记者对这些来自世界各地的登山爱好者进行了采访。

记者问其中的一名登山队员：“你打算登上马特洪峰的北峰吗？”

这名登山队员回答说：“我将尽力而为。”

记者又问另一名登山队员：“你打算登上马特洪峰的北峰吗？”

得到的回答是：“我会全力以赴。”

接着，记者又问了第三个登山队员同样的问题，他回答说：“我将竭尽全力。”

最后，记者问第四个登山队员：“你打算登上马特洪峰的北峰吗？”他近乎激动地呼喊着：“我将要登上马特洪峰的北峰！我一定会登上马特洪峰的北峰！”他的身体看起来并没有前面所采访过的队员强壮。

随后，这些登山队员就出发了。记者也对此进行跟踪报道。等到本次登山活动结束后证实，真正登上了马特洪峰北峰的只有一个人，就是那个说过“我将要登上马特洪峰的北峰！我一定会登上马特洪峰的北峰”的队员。

对此，记者分析说，在他采访的四个人中，为什么只有最后采访的那个队员成功登顶呢？也许原因就在于，他们在登山前所抱持的心态不同。前面采访的三个队员仅以“尽力而为”“全力以赴”“竭尽全力”的心态去争取成功，面对险峻的马特洪峰的北峰，这样的心态显然是不够的。而最后那位队员，在实现目标之前，就怀着一种“志在必得”的心态，登山前的采访时，记者就明显感受到了全力一搏、志在成功的信念和毅力，这才是他成功的关键。

逆境造英才

逆境能磨炼人的意志和毅力，能历练出担当重任之才。经过逆境的磨砺，男孩会飞得更高更远。

安德鲁·卡耐基出生在英国苏格兰山区，家中世代以伐木为生。有一次，小卡耐基跟随爸爸、爷爷一起去伐木，他发现一个奇特的现象：在整片已被砍伐干净的橡木林中，还残留着几株笔直的橡木孤零零地立在空旷的土地上。在卡耐基的印象中，这几棵橡树应该是所存橡木当中长得最高大的。

为什么在大批砍伐时唯独这些最高大的橡木没被砍掉呢？卡耐基百思不解，向爷爷提出心中的疑问。爷爷说，就是因为它们是长得最好的，所以才把这些橡木留在那里，让它们在失去其他橡木群的呵护之后，独自承受风霜雪雨的考验，以形成更为坚韧的材质。最后，这些橡木能成为最好的木料，用来制作船的桅杆或者马车的轮子。

听了爷爷的解释，卡耐基领悟了，他也希望自己像风中的橡木一样，成为生活中的强者。

卡耐基12岁那年随家人移民到美国。他家居住的地方离水源很远，提一桶水要走很长一段路。父母每天早出晚归忙于工作，没有时间去提水，卡耐基是家里的长子，只得靠他来提水了。

那时，卡耐基走进学校大门不久，对学习产生了浓厚的兴趣，他喜欢学校的环境，更喜欢读书，他从书本里学到了小时候在野外玩耍时学不到的知识。他小小的年纪已经懂得了知识的可贵，他希望每一天迎着第一缕朝阳就来到学校，和同学们一起拿着书本晨读。

可是，水源经常不足，这就需要另外寻找水源，往往要走更远的路才会找到一个饮用水源，而且多数又是枯井，水很少。取水人排起的长队就像一条长龙，有时甚至排队等候三四个小时还轮不到卡耐基!

排队提水常常耽误了卡耐基的上课时间。每当看到有很多人在前面排着长长的队伍等着提水，他站在队尾就急得直跺脚，恨不得一下子冲到长队的前面，抢一桶水回去，或干脆扔掉水桶，不管这事了。卡耐基意识到这样做不妥，学习固然重要，但没有水一家人连饭都吃不上了，父母无法上班，弟弟也会挨饿，他自己也没法上学呀。想到这里，他无奈地叹了口气，没有别的办法，既然着急没有用，那就只有耐着性子慢慢地等待吧。

浪费时间总是让人心疼的，于是，卡耐基每天去提水的时候，总要背上一个小书包，书包里放上两本书，一旦遇到人多排队，他就拿出书来读，这样他把时间合理地利用起来，提水没有耽误，功课也没有落在其他同学后面。同时，也慢慢地磨炼了卡耐基的耐心和遇事沉着冷静的习惯。

后来，卡耐基父亲的生意破产了，卡耐基只得辍学打工，以减轻父母的负担。他从一名工人做起，3年之后转入了当时新兴的电报业，再后来转入铁路部门做职员，4年之后开始创业建铁轨，卡耐基一次又一次地战胜了困难，最终成为了美国钢铁大王、举世闻名的实业家。

在追求成功的道路上，困难是不可避免的。面对困难，人一般有两种截然不同的态度。

有的人把困难看作灾难，遇到困难就选择逃避。在一次又一次的逃避中，他们的机会失去了，能力萎缩了，梦想褪色了，人生的目标只能一降再降。

有的人把困难看作机会，迎难而上。在一次次战胜困难的过程中，他们的能力提升了，信心增强了，离自己的梦想更近了。

卡耐基就是一个典型事例。当别人问他成功的秘诀时，他回答说："我觉得一个人若想真正成功，最好是让他生长在贫贱的环境中。因为逆境可以塑造一个完美的人，可以使人相信，依靠自己的力量取得成功。"

你想成为卡耐基那样的大实业家吗？那么，你也要像他那样在逆境中磨砺自己，把遇到的困难看成历练自我、提高自我的机会。

厄运不可怕

作家雨果说："人在逆境中比在顺境中更坚强。"男孩在遭厄运时，不要放弃理想和信念。执著的追求，同样可以使你获得隐形的翅膀，创造出人生的辉煌。

英国著名化学家查尔斯·布朗小时候，父亲就很支持他读书，父亲不顾家境困难还是把小布朗送到了一所较好的学校。这所学校里富人家的孩子多，他们经常欺负穷人家的孩子。布朗在班里是学习最好也是最穷的学生。老师很喜欢他，那些富家子弟开始对布朗不满起来，总想找机会教训他。

在一次数学课上，老师在黑板上写出了一道题，调皮的约翰在下面捣乱，老师点名批评了他，并说："要是你能像布朗那样听话爱学习，你的成绩就不会那样糟糕了！"说完让他上讲台做题，约翰做不出来，被罚站在一边。接着老师又让布朗来做，小布朗很快就正确解答完了，老师又一次夸奖了布朗。他却没想到这件事给小布朗带来了伤害。

那天放学后，小布朗走出校门，约翰和几个孩子拦住了他，他们几个不由分说地就把布朗按在地上，对他一阵拳打脚踢，打得布朗躺在地上动弹不得。约翰对布朗说："谁叫你那么逞能呀，下次再敢逞能就打扁你！"

当布朗青一块紫一块、一瘸一拐地回到家时，父母都吓坏了，他们问清情况后非常难过，妈妈甚至抱着布朗说："以后不要去上学了。"布朗听了连忙说："不，我要上学，我要读书！"

"可是他们还会欺负你的！"

小布朗听到这里低下了头，过了一会儿他抬起头来，眼睛里含着两颗大大的泪珠："爸爸，帮我转学吧！"于是，父亲把布朗转到离家很近的一所学校。这所学校的学生多数是黑人贫民的孩子，校舍较差，教室昏暗，环境不好，老师也经常不按时上课……但这一切没有阻止布朗求学的决心，他依然勤奋学习。

布朗回到家里还要自学，家里穷得舍不得晚上开灯，他就到外面的路灯下学习。久而久之，大家都知道13岁的布朗每天晚上在路灯下看书。

贫困的家境和艰苦的学习环境，以及少年时被殴打的经历，并没有阻挡布朗上进好学的决心。

后来，布朗看了一本书《普通化学》，从此便迷上了化学。不久他就考上了芝加哥大学，并获得了奖学金，而且直接插班到三年级就读，毕业后留校担任化学老师，开始了他的学术研究生涯。最终布朗凭借自己的勤奋和执著取得了杰出成绩，获得1979年诺贝尔化学奖。

作家巴尔扎克说："厄运是最好的老师。"哲学家培根也说："奇迹多产生于厄运之中。"在顺境中，人往往可能因各种原因而懈怠，而厄运常常使人产生危机感，使其发奋，比常人更努力、更勤奋、更执著，因而奇迹多产生于厄运之中。

遭遇厄运是不幸的，但厄运并不是生活的全部，只要勇敢地面对厄运，不沮丧、不放弃，继续追求人生梦想，你也可以创造奇迹。

第四辑

男孩子就要有激情

你就是最伟大的奇迹！男孩子，你一定要相信自己就是自然界最伟大的奇迹，从开天辟地一直到现在，从来没有任何一个男孩与你完全一样，将来也不可能再有一个完全和你一样的男孩。我们应该为这一点而庆幸，应该利用上天赋予我们的一切。归根结底，每个男孩的目标都与自己的实际潜能有关，我们应该唱自己的歌，画自己的画……

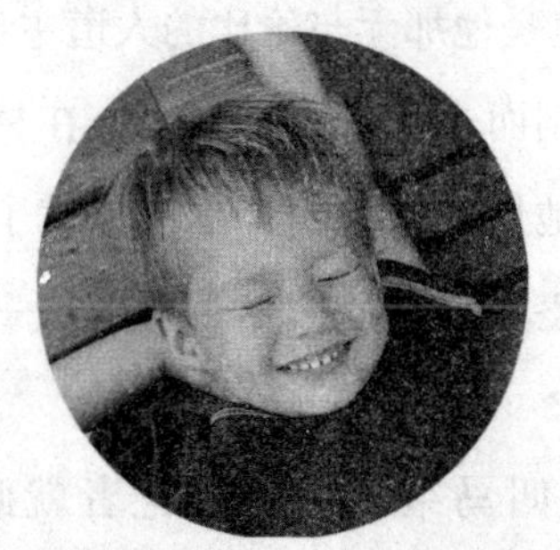

超越“不可能”

我们做任何事情，都有可能遇到困难。如果想着凡事不可能，那么真的就变成了不可能，以致寸步难行。一个男孩在面对困难和挫折时，最需要的往往只要一点勇气。正如林肯所说：“只要下定决心，就能心想事成。大多数人都能够做到这样。”

“在美国历史和人类历史上，林肯必将与华盛顿齐名。”其实，这两位美国伟人有着非常不同的性格。如果说华盛顿的标记是他的高尚品德的话，那么，林肯的标记就是他那无与伦比的人道主义精神。

林肯因为废除奴隶制而永垂青史。其实，在林肯之前，前两届美国总统都想废除奴隶制，在他们的任期内，也已拟就了《解放黑奴宣言》。可是，他们都没有拿起笔签署它。他们是否要把这一伟业留给林肯去成就英名呢?

当年，曾经有一位叫马维尔的法国记者就此采访林肯。林肯回答说：“可能有这个意思吧。不过，如果他们知道拿起笔需要的仅是一点勇气，我想他们一定非常懊丧。”

马维尔还没有来得及继续问下去，林肯就出发了。这个记者当时没有明白林肯说那句话的含义。后来，他在林肯致朋友的一封信中找到了答案。林肯在信中谈到他幼年时的一件事，他写道：

“我父亲在西雅图有一处农场，地面上有许多石头。正因为如此，父亲才得以用较低的价格买了下来。有一天，母亲建议把这些石头搬走。父亲说，如果可以搬走，原来的主人就不会卖给我们了，它们是一座座小山头，都与大山连着呢。有一年，父亲去城里买马，母亲带着我们在农场里干活。母亲对我们说，你们把那些碍事的东西搬走吧！于是，我们开始挖那一块块的石头。没过多久，我们就把石头给弄走了，因为这些石头并不是我父亲想象的山头，而是一块块孤零零的石块，只要往下挖一英尺，就可以晃动它们。”

林肯在信的末尾说，有些事情，一些人之所以不去做，只是因为他们认为不可能。其实，有许多不可能，只存在于人的想象之中。

只要敢于试试

在现实生活中，每个男孩都渴望一展才华的机会，早日找到人生的梦想舞台，然而，当机会来临的时候，又常常会顾及这样或那样的问题，犹豫不决，踌躇不前，以至于错失了一个又一个实现梦想的机会，最终落得一连串的遗憾。有时候，可能你什么都不缺，唯独缺少大声说一句“让我试试”的勇气！

19世纪末的一天，伦敦的一个游戏场内正在进行着一场演出。突然，台上的演员刚唱两句就唱不出来了，台下乱得一塌糊涂。

许多观众一哄而起，嚷嚷着要退票。剧场老板一看势头不好，只好找人救场，谁知找了一圈也找不到合适的人。这时，一个5岁的小男孩儿站了出来。

“老板，让我试试，行吗？”

老板看着小家伙自信的眼神，便同意让他试一试。结果，他在台上又唱又跳，把观众逗得特别高兴，歌唱了一半，好多观众便向台上扔硬币。小家伙一边滑稽地捡起钱，一边唱得更起劲儿了。在观众的欢呼声中，他一下子唱了好几首歌。

又过了几年，法国著名的丑角明星马塞林来到一个儿童剧团和大家同台演出。当时，马塞林的节目中需要一个演员演一只猫，由于马塞林的名气太大，许多优秀的演员都不敢接受这个角色，还是那个小男孩自告奋勇地站了出来，大家都为他捏了一把汗，谁知他和马塞林配合得非常默契。

这个小男孩，不是别人，就是后来名扬四海的幽默艺术大师——卓别林！

把握机会，速战速决

犹豫不决，是效率的敌人，也是成功的障碍。在患得患失之后你会发现机会已经溜走了，那么再埋怨和懊恼又有什么用呢？有勇气、有智慧、有胆略的男孩是不会犹豫不决的，他懂得把握机会、速战速决。只有牢牢把握住效率的先机，才会与成功越来越接近。

1944年，英美联军在艾森豪威尔的指挥下正准备横渡英吉利海峡，在法国诺曼底登陆，展开对德战争的另一个阶段。

这次的登陆事关重大，英国和美国合作无间，为这场战役投入了巨大的人力物力。然而，人算不如天算，就在他们准备好一切、蓄势待发之时，英吉利海峡却突然风云变色、巨浪滔天，数千艘船舰只好退回海湾，等待海上恢复平静再说。

这么一等，足足等了四天之久。天空像是被闪电劈开了一条裂缝，倾盆大雨连绵不绝，数十万名军人被困在岸上，进退两难。他们每日所消耗的经费、物资，实在大得惊人。

正当艾森豪威尔总司令愁眉不展时，气象专家送来了最新的预报：天气即将好转，狂风暴雨将在三个小时后停止。

艾森豪威尔明白这是个千载难逢的大好机会，可以攻敌人于不备。只是这当中也暗藏危机，万一气候不如预报中这么快好转，那可能就要全军覆没了。

艾森豪威尔经过了慎重的思考之后，在日志中写下："我决定在此时此地发动进攻，是根据所得到最好的情报做出的决定……如果事后有人谴责这次的行动或追究责任，那么，一切责任均由我一人承担。"然后，他斩钉截铁地向海、陆、空三军下达了横渡英吉利海峡的命令。

倾盆大雨果然在三个小时后停止，海上恢复一片风平浪静，艾森豪威尔率领的英美联军终于顺利地登陆诺曼底。

敢于尝试的态度很重要

敢于尝试的态度对于成功的男孩来说是非常重要的。态度虽然是一件很重要的事，你却可以设法改变你的态度。在你前进路途中的每一步，你都负有一定的责任，因此，一定要控制自己的态度，始终坚持尝试！

安利是一家知名的消费品制造商，拥有一个超过100万名独立分销商的全球直销网络。它所贩售的产品超过4300种，其中包括安利自己的商品以及其他品牌的商品，完全通过上门推销和邮购的方式销售，年营业额以数十亿美元计。安利的标语就是："我们送出的产品是最好的！"

安利公司是由狄韦斯和他从小结识并成为终身事业伙伴的杰文·安笛儿共同开创的，它的行销网遍布北美、亚洲及欧洲。全球的员工人数超过万人。但在安利诞生前，狄韦斯很小的时候就知道，与积极、乐观、勇于尝试的人结交的重要性。

狄韦斯在读高中时，遇到了他后来的搭档杰文·安笛儿，他是一个与狄韦斯有着相同梦想、希望和目标的青年。他们一起计划创造自己的事业。20世纪50年代末期，他们在车库里开始了一项新事业，它后来即演变为现在的安利。

狄韦斯认为，那些梦想拥有自己事业的人，往往只看重管理事业，而非建立事业。依他的看法，大多数公司之所以会垮，是因为创立的人想要成为这家公司的经营者。狄韦斯说："当某人辛苦建立起的事业稍有成长时，他就开始花许多时间去阻止它的成长。自此他即陷入一个怪罪的阶段，他怪罪每个人，就是忘了检讨自己。"

把鸡蛋立起来

这个世界上，大多数男孩都充满了各种各样的梦想，但是最终只有很少的男孩能够实现自己的愿望。究其原因，只不过是那些男孩到老的时候还在幻想，却从来没有动手做过！

哥伦布是世界上最伟大的航海家之一，为了横越大西洋，他筹划了18年。其间，他受尽别人的嘲笑和奚落，被认为是愚蠢的梦想家，并且几乎没有人相信他能横越大西洋而有所激动人心的新发现。

经过无数次辩论和游说，他的真诚和信念最后感动了西班牙国王和王后，他们给了哥伦布远航的船只。哥伦布成功地渡过了大西洋，并发现了美洲大陆。当哥伦布回到西班牙时，他发现新大陆的消息不胫而走，举国上下一片欢腾，人们对他充满了崇敬之情，国王和王后也在宫廷里宴请他，并异常兴奋地听哥伦布讲述他在航海过程中遇到的奇闻轶事。

哥伦布的成功和荣耀引起了很多人的妒忌。"这位哥伦布是何方神圣？他做了什么了不起的事情？"他们说，"他不就是一个贫穷而喜欢做白日梦的穷舵手吗？别的航船者谁不能像他一样横渡大西洋呢？"

一位西班牙贵族为了向哥伦布表示钦佩之情，就在家中宴请哥伦布。

席间有几位狂妄自大的陪客，他们对哥伦布颇有点不屑之意。

“你在大洋彼岸偶然发现了几块陆地，这有什么了不起的呢？”他们向哥伦布发难说，“我们真搞不懂，这么一点小事又有什么值得说的呢？谁都可以横渡大西洋，谁都能发现那些上帝安放在那儿的大陆，这是最简单的事情了。”

哥伦布默然无语，等到他们说完话后，他从盘子早拿出来一个鸡蛋，然后说：“在座的诸位有谁能把这颗鸡蛋立起来呢？”

在座的每一个人都尝试着把鸡蛋立起来，而鸡蛋却一个劲地打转，老是立不起来，最后大家都认为这是不可能的事情。这时，哥伦布顺手拿起那个鸡蛋，把鸡蛋稍尖的一端往桌沿上轻轻一磕，磕破了一点蛋壳。如此一来，鸡蛋就毫不费劲地立了起来。

哥伦布表情严肃地说：“各位，你们都说这件事情不可能办到，可还有比这更容易的事情吗？这是世界上最简单的事情，等到你们知道应该怎么做之后——谁都能做到的。”

积极的无限力量

很多的时候，你相信能，你就能。困难大多数都是自己想象出来的。男孩你没有去做，怎么能知道前方的路是什么？怀着积极的心态，前方就是一片坦途。

拿破仑·希尔的小儿子在出生时，就没有双耳。也就是说，这个小孩子，终生将无法听到声音，因而也无法学习说话。而在70年前的美国社会，这样的小孩长大后，唯一的出路，就是成为乞丐，在路边仰赖别人的施舍。

拿破仑·希尔的太太为了这个孩子，终日泪流不断。但钻研成功学的拿破仑·希尔却不愿放弃，从婴儿在襁褓中开始，拿破仑·希尔便每夜在儿子的双耳位置（因为他没有耳朵）不断地激励他，告诉这个孩子，他是最棒的、是宇宙当中独一无二的。不管这个孩子是否能够听得见，拿破仑·希尔还是不断地对这孩子输入正面积极的信念与信息。

到了孩子3岁时，有一次，拿破仑·希尔无意间发现，孩子喜欢用他的牙齿轻轻咬着留声机的边缘，同时脸上露出极为陶醉投入的表情。拿破仑·希尔终于获得证据，这孩子可以借耳骨传递声音的方式，来听外界的声音。也就是说，拿破仑·希尔不断在他耳骨旁输入的那些正面的信息，能够有效地让他听到。

从此以后，拿破仑·希尔要求全家人，不要再将这个孩子当做残障者看待，而是用一切对待正常人的态度来与他相处。连这个孩子上小学时，拿破仑·希尔也独排众议，不让他进入特殊教育班级，坚持让他与一般的小朋友共同学习。

虽然拿破仑·希尔的一意孤行，的确造成了这个孩子在学习上的极大困难。但拿破仑·希尔用他的耐心克服了孩子学习上的障碍，他每天用加倍的时间，来帮助孩子复习功课。终于使得孩子顺利地升上大学。

在大学中的岁月，是孩子一生中的最大转折点。一次试戴新型助听器，使这个孩子第一次听到清楚的声音。再加上父亲拿破仑·希尔从小到大不断地鼓励，这个孩子便勇敢地去找生产助听器的厂商，要求与其合作并改良助听器的品质，并且这孩子成为那家助听器厂商的代理人，从而帮助无数失聪的人们得到了重新获得聆听的能力。

心灵的防火墙

内心深处的这道防火墙，是挫折和打击后，不泯人生的辉煌的信心和斗志，更是对人生无常的一种参透和领悟。看来，每个男孩都要时刻升级自己的“心灵防火墙”，才能在人生中时刻抵御“病毒”。

韩国前总统金大中一生颠沛流离，动荡坎坷。有一次，他在韩国首尔大学做了一次演讲。演讲快结束时，金大中留出时间让学生们提问。有一个学生提出了这样一个问题：“您的一生非常坎坷，经历了许多令人难以想象的挫折和磨难，是什么力量使您保持坚强而乐观？”金大中微笑着回答：“因为我有一道坚固的心灵防火墙！”为了说明自己的观点，金大中没有马上进行阐述，而是对那位学生说，“你能先上台和我一起做个实验吗？”那位学生愉快地走上讲台。

金大中递给那位学生一支钢笔，他则拿出一张普通的白纸，双手攥住擎在胸前，然后让那位学生用钢笔把自己手中的白纸戳破，结果那位学生很轻松地就把白纸戳了个大窟窿。接着金大中又拿出一张白纸，放在讲台边上的一块水泥地上，用双手摊平压住，又让那位学生用钢笔把那张白纸戳破。这次，那位学生用了很大的力气也没有把白纸戳破，后来在金大中的鼓励下，那位学生把钢笔尖戳歪了，才在白纸上留下几个小洞。

做完实验，金大中才开始阐述自己的观点：“我觉得我们每个人的心中布有一道承受打击的防火墙，这道防火墙就是对某件事情的期望和打算，一如刚才实验中的那张白纸。当我们期望过高而盲目乐观时，心灵的防火墙便有了高度，悬在空中，很容易被打击摧毁；但是当我们做了最坏的打算，把它放在地面上时，它便变得很坚固，即便被某些尖利的东西所伤，也只不过是一点小伤，很快就能恢复。所以，人心灵中最坚固的防火墙，就是心中要有个最坏的打算。当然，我们必须明白，最坏的打算绝不等同于‘我肯定不行’的悲观绝望，而是‘假如出现如此情况我该怎么办’的未雨绸缪。于是，事情成功了，我们可以欣慰地微笑，做个‘V’形手势；最坏的情况出现时，我们依旧能够从容淡定，有所对策。要知道，遭受彻底的失败，心烦意乱、绝望透顶时，有多少人能静下心来，清醒地对待失败，仔细考虑对策呢？”

稍作停顿后，金大中略微提高了嗓音接着说：“我们每个人心中的防火墙，就如同这张白纸，由于其厚度和位置的不同，对困难打击的承受力也不同，所以有的人脆弱，有的人坚强。如果防火墙的厚度我们无法选择，那么我们可以选择它的位置，从而使它成为最坚固的心灵防火墙。”

金大中一生非常坎坷，曾5次被捕，5次面临死亡威胁，在监狱里先后度过6年时光。他曾被软禁和流亡海外14年，遭受政治迫害40年。1998年，73岁的金大中再次参加总统竞选，终于战胜年富力强的对手，成为韩国总统。

一件小事带来的转机

世界上到处都有机会，成功者就是善于动脑筋利用机会的人。人的一生几乎都会遇到机会。重要的不在于机会的多与少，而在于那些机会到来时你是否能够抓得住。现实中的许多机会就隐藏在一些微不足道的小事中，如果你抓住了它，你的事业就有可能出现一个重要转机。

大发明家托马斯·爱迪生曾经说过：“在一个人的一生中，常常有许多事并不是他特意想去做的，但幸运常常可能发生。然而，我们要牢记：虽然幸运时时刻刻都可能存在，但它总是只属于那些已经有准备的人们。”爱迪生成功的第一步，就完全归结于他青年时期一次偶然的机会。

有一次，爱迪生到罗氏交易所去玩耍，正碰上所里的标金记录器坏了，交易所里简直乱成了一锅粥，所有人都因此吵闹着。一个修理工在紧张地查找机器的毛病，摆弄了大半天却仍然没有修好它。

这时，爱迪生就站在修理工的身后，他细心地看了一会儿，便说：“我看这机器并没有出什么特别的毛病，如果让我试试的话，我想我能够马上修好它。”

焦急的罗氏立刻回答道：“来！快点来！看看你能有什么办法。”

爱迪生一只手插在口袋里，另一只手拿了一把小钳子。他把一个已经松动了的发条移了一下，因为这根发条放错了位置，而且跌落在机轮中间，卡住了机器。等他拧紧了那根发条后，这台机器马上又如从前一样正常地转动起来了。罗氏十分高兴，立刻和爱迪生交谈了起来，罗氏问："这台机器还不错吧？"

"是吗？"爱迪生带着一种怀疑的口气回答。

"你能对它做一些改进吗？"

"这个我倒没想过，不过，差不多每台机器都会有改进的可能。"

罗氏又进一步问了几句，爱迪生从容不迫地在几分钟之内，指出了这台机器所有的优点和缺点。罗氏对爱迪生惊人的知识感到非常惊奇，接着他又问："你什么时候研究过这台机器？"

爱迪生说："我还没有机会去研究它。不过刚才工人在这里修理时，我已看出了这些地方。"

此时，罗氏完全相信爱迪生有真实的本领，于是，给了他一个管理机器的工作。爱迪生在这个新位置上工作不久，他就发明了一台新机器，这台机器就是现在交易所里的市价通信器。有了这个良好的开端，爱迪生从此走上科学发明的道路。

善于动脑真聪明

我国有句俗语："世上无难事，只怕有心人。"如果你能善于动脑筋，执著于自己的学习和事业，甚至痴迷到睡梦中还在思索，那么，你一定会成功！

1620年深秋，莱茵河畔的乌尔姆小镇扎下一排军用帐篷。夜很深了，帐篷里有一位年轻士兵翻来覆去睡不着，他就是后来闻名于世的数学家、哲学家笛卡儿。

笛卡儿从小身体瘦弱多病，勤奋好学，喜欢思考问题，对哲学和数学有浓厚的兴趣。他有一个习惯，就是经常躺在被窝里思考问题。在这个夜深人静的晚上，军营里静悄悄的，笛卡儿仍然难以入睡，他透过帐篷的缝隙，看到天空里的星星像豆子一样，他想，如果用数学方法，怎么表示它们的位置呢？当然最好是画一张图，但这是几何的方法，再说这么纷乱的星空即使画出来，要指给人看一颗星时，还是得拿出一张图。有什么方法只用几个数字就能标清它们的位置呢？他又联想到自己随军到处奔波，前几天还在多瑙河右岸，今天晚上又到左岸，时而在上游，时而在下游，要是给上级报告部队的位置，该怎样表示呢？

笛卡儿躺在被窝里陷入了沉思，忽然，门口传来脚步声。排长查铺了，他慌忙将被子往头上一蒙，两耳竖起来听着响动。可是奇怪，脚步声到门口又折回去了。他猜想，一会儿还会回来，于是不再探头，继续苦思冥想。

过了一会儿，排长果然又来了。他闯进帐篷，揭开被子，一把拉起笛卡儿就向外拖去。笛卡儿想喊也喊不出，想披件衣服，可手又被攥得紧紧的。等走到帐篷外，排长说："你不是整天想用数学来解释自然和宇宙吗？现在夜深人静，不会有谁偷听，我告诉你个妙法。"说着，排长从身后抽出了两支箭，拿在手里搭成一个"十"字。箭头一个朝上，一个朝右。他将"十"字举过头说："你看，假如我们把天空的一部分看成一个平面，这个平面就分成四个部分。我这两支箭能射得无穷远，天上这么多星星，随便哪一颗，你只要向这两只箭上分别引两条垂直线，就会得出两个数字，这样星星的位置就表示得一清二楚了。"

笛卡儿说："你慌慌张张地把我拉出来，我还当有什么新鲜玩意儿。

画坐标图，古希腊人都会使用。现在最难的是那些抽象的负数，人看不见摸不着，显示不出来就不好说服人。”

排长向笛卡儿肩上打了一拳，哈哈笑道：“我说，你这么聪明，怎么这层窗纸就没有捅破呢。你看，将这两支箭的十字交叉处定为零，向上向右是正数，向下向左不就是负数吗？这乌尔姆镇是交叉点，多瑙河上流是正，下游是负，右岸是正，左岸是负。我们行军在镇的东西南北，不是随时就可用正负两个数字表示出来吗？”

笛卡儿高喊道：“这是个好主意！”他一下扑上前去想抓过箭来看看，不想排长忽地将箭往身后一藏，不悦地说道：“你就知道每天睡懒觉，自己不会去做一副吗？”说着便向河边跑去，眼见到了岸边，他竟踏水而过，如履平地。笛卡儿也一脚踏进水面，扑通一声跌入河中，忙大喊救人。

这时，笛卡儿突然觉得自己的屁股上重重挨了一脚，睁开眼睛一看，帐篷里已射进阳光。排长正站在他的身边喊着：“你这个懒鬼，又不起床，还在做什么美梦啊？”

笛卡儿眨了眨眼，一骨碌爬了起来，双手抓住排长的肩膀直摇：“你说什么？你刚才对我讲了些什么？”排长骂道：“神经病！”又去催别人起床。笛卡儿清醒了，原来是一个梦。他像发了疯似的从枕头下抽出一个本子和半截铅笔，先画了一条竖线，标明为y；又画了一条横线，标明为x。在这两条轴上又标出许多正负刻度，绘的图就如梦中的一个样。

梦里的启发，使笛卡儿如梦初醒。困扰他多年的代数和几何的结合问题，他在一夜之间竟然找到了解决的思路和方法。他离开军营后，专门研究起哲学和数学理论。后来，笛卡儿在《方法谈》的附录《几何》中，将坐标引入几何，带来革命性进步。从此几何问题能以代数的形式来表达，标志着代数与几何的第一次完美结合，因此，笛卡儿被誉为解析几何的创始人。

人活着要争口气

人生在世，世态炎凉，家境贫穷，备受欺凌。一个男孩想要受人恭敬，必须为自己争一口气。争气，不是与别人比个高低，而是为改变自身命运的搏击！

何鸿燊年少时，家道中落，饱受欺辱。令他最不能忍受的是原来那些亲戚在何家财大势大时，见了何家人总是恭恭敬敬，颔首低眉。现在他们对何鸿燊一家避而远之，见到何鸿燊还摆架子，甚至百般嘲弄。

一次，何鸿燊牙齿被蛀烂，需要补牙。正好他家的一个亲戚开着牙科门诊，何鸿燊前去找他，那个亲戚正跷着二郎腿坐在旋转椅上，见到何鸿燊进来，没有起身，爱理不理的。“来这里做什么？”“牙坏了，想补牙。”“身上有钱吗？”“没有钱。”做牙医的亲戚笑起来。何鸿燊不懂世事，不知他问这些干什么。以前何鸿燊来他的诊所玩，他主动给自己检查牙齿，还说许多保护牙齿的知识，从来没有提过钱的事。何鸿燊正纳闷，做牙医的亲戚怪声怪气地说道：“没有钱，走吧，补什么牙？干脆把牙齿全部拔掉算了。”

拔牙这件事给何鸿燊很大的刺激，使他从富家子弟的旧梦中彻底清醒过来。多年以后，成为巨富的何鸿燊回忆辛酸的往事时，仍恨得咬牙切齿：“想不到人穷，亲戚便如此势利，经过家境变故后，我下决心要争一口气！”

1942年，何鸿燊大学毕业后携带10港元，前往澳门闯荡天下。他在联昌公司做了一年职员，因才干出众，被吸收为公司的合伙人。

何鸿燊在联昌的赫赫业绩，为他赢得了名声和金钱。1943年，联昌给他的分红达100万港元。按照当时的财富标准，这意味着何鸿燊已经进入巨富阶层。

当时何鸿燊才22岁，就成为港澳最年轻的大富豪。何鸿燊昔日的亲戚朋友对他刮目相看。有了钱后，何鸿燊开始涉足博彩业，终成一代赌王。

冰雪中激发的热力

志存高远，心自广博。有气吞宇宙的气势，才有实现梦想的可能。男孩若相信崇高，崇高便与你同在；男孩若相信自己，自己必将遨游于天空。

相信每个人都听过“希尔顿大饭店”。在这里要与您分享的，是希尔顿大饭店集团的创始人希尔顿先生，赖以成功的秘诀。

希尔顿年幼时，很不幸地正好遇到美国历史上最严重的经济大恐慌。而希尔顿又是一个孤儿，在那样不景气的时代，他只好四处流浪，靠着乞讨为生。到了夜晚，他则找一个勉强可以遮风避雨的地方栖身。

有一次，希尔顿流浪到城市里，连着几个晚上，都躲在一间大饭店门廊的阴暗角落里避寒与睡觉。

一天半夜，希尔顿在睡梦中被饭店的门童抬了起来，丢到距离饭店10米外的雪地上。从睡梦中惊醒的希尔顿，大怒地质问门童："我睡我的觉，哪里碍着你们，为什么把我丢到雪堆里？"

几个门童答道："今天一大早，我们饭店的集团老板莅临，经理认为如果让你们这些流浪汉躺在门廊边，不仅会有碍观瞻，还可能会引起大老板的不悦与指责，所以要请你们离开！"

希尔顿十分愤怒地大声道："你们集团老板也是人，我也是人，在这么寒冷的天气里，就让我在门廊下睡一晚，明天再赶我走，也不迟。为什么要在半夜里，偷偷地把我丢在雪地上呢？"

门童趾高气扬地说："这是饭店经理交代的，我们也只是依命行事。"

希尔顿咬着牙，握紧拳头道："你们给我听着，总有一天我一定要开一家比你们饭店更大、更豪华的酒店，记住我现在所说的话！"

凭着在雪地中所受的屈辱，希尔顿立下宏愿，从此之后，他不断地努力工作，存下他所赚得的每一分钱，终于创立了第一家"希尔顿大饭店"，并进而成为全世界最大的饭店集团——"希尔顿饭店集团"。

在别人停滞不前时继续拼搏

当别人停滞不前时，你更要继续拼搏。我们应该以积极的态度排除万难，以百米冲刺的速度奔跑起来，为了目标——狂奔！别停步。

停滞简单，拼搏难。拼搏的时候每一分每一秒都很艰辛，而停滞却非常的容易。

拼搏是一种力量，男孩在向目标靠近的过程中，这种力量不仅体现在对目标的追求，而且同样体现在对一种精神的追求上。在很多情况下，这种追求甚至比知识的力量更强大。

1976年12月10日下午4时30分，在瑞典的斯德哥尔摩音乐大厅，大会主席宣布授予J/ψ粒子的发现者丁肇中教授诺贝尔物理学奖。伦琴、爱因斯坦、居里夫人等科学巨匠曾经站立过的讲台，今天走上来的是身材魁梧的美籍华人丁肇中。

“国王、王后陛下，皇族们，各位朋友，得到诺贝尔奖，是一个科学家最高的荣誉……”这是诺贝尔奖设立76年来第一次用汉语发表的获奖演说。在这个大厅里，第一次响起了中华民族儿女的声音。

丁肇中的童年是在中国内地度过的。那时，战火连天，他不得不跟着父母颠沛流离。小时候的丁肇中，身体瘦弱，他的头本来就比一般孩子大，瘦弱的丁肇中的头显得更大了，看上去与身体的比例极不协调。在邻居看来，丁肇中是个笨孩子，似乎有一点点傻，可是母亲最了解儿子，她认为丁肇中是一个聪明的孩子。

丁肇中有一个特点，就是很喜欢思考。很多时候，外人以为他在对着某个东西发呆，其实他是在思考问题。正是从小养成了喜欢思考、大智若愚的性格，丁肇中在成年之后逐渐养成了严谨的习惯。他工作起来非常专注、投入，甚至达到了忘我的境界。

1965年起，丁肇中领导的实验组在联邦德国汉堡电子同步加速器上进行了关于量子电动力学和矢量介子的一系列实验工作，还在实验上证明了量子电动力学的正确性，取得了出色成绩。

1972年，丁肇中在日内瓦实验室进行寻找新粒子的实验，花了两年的工夫尚未取得任何新的进展。实验的费用十分高昂，于是责难之声不绝于耳。摆在丁肇中面前有两个选择：要么是无奈地放弃实验，要么是坚持下去。

任何一种选择都需要丁肇中承受巨大的压力：如果选择放弃，前面的实验就等于白费了，他跟实验组同事一起灰溜溜地离去；如果他坚持实验，那么什么时候才能有重大发现呢？对此，谁也不敢打包票。但丁肇中依然锲而不舍，坚持进行实验，每天在实验室至少工作16个小时，从不气馁。

辛苦的付出常常会有回报。1974年，丁肇中领导的实验组利用美国布鲁克海文国家实验室的质子加速器发现了一个质量约为质子质量3倍的长寿命中性粒子。在公开发表这个发现时，丁肇中把这个新粒子取名为J粒子，“J”和“丁”的字形相近，寓意这是中国人发现的粒子。与此同时，美国人里希特也发现了这种粒子，并取名为ψ粒子。后来人们就把这种粒子叫做J/ψ粒子。

这一发现大大推动了粒子物理学的发展。为此，丁肇中和里希特共同获得1976年诺贝尔物理学奖。

丁肇中说，在雨季，一秒钟之内，波士顿也许要落下千千万万粒雨滴，如果其中有一滴有着不同的颜色，那么我们就必须找到它。发现粒子就像寻找那一颗不同颜色的雨滴一样，要执著地对着目标永不放弃，这意味着不达目的誓不罢休。

人的一生实际上是在进行一场马拉松赛。人生这场马拉松赛漫长、坎坷和艰难，需要忍耐、拼搏和奋斗。要在漫漫人生路上取得成就，只能靠恒心去忍、去拼搏。无论做人做事，都需要一种继续拼搏的精神。

奋斗才能永存，只有不间断地奋斗，才能令我们在成功的路上奔跑起来，更确切地说是狂奔起来。生活在变，成功在我们奋斗的路上也在变，我们要想跟上这个变化中的成功，唯有狂奔不止让自己更加了不起。

奋斗就是这样，一旦我们踏上奋斗这条路，我们便不能走走停停来消磨我们的斗志，只要能够明白奋斗才有永恒，那么你的成功也会快马加鞭起来的。

永远都要坐第一排

无数受人尊敬的成功者，都曾宣称自己是第一。是不是第一无须深究，关键是他们的确取得了个人成功。男孩，如果你想出类拔萃，想取得成功，那就一定要有“第一”意识。

“永远都要坐第一排”的积极态度，是英国前首相玛格丽特·希尔达·撒切尔夫人的一条人生经验，这也是她取得巨大成就的关键。撒切尔夫人在她的学生时代，就养成了这种“永远都要坐第一排”的人生态度。

20世纪30年代，在英国一个不出名的小镇里，有一个叫玛格丽特的姑娘。她自小就受到了严格的家庭教育。父亲经常向她灌输这样的观点：无论做什么事情都要力争一流，永远坐在别人前头，而不能落后于人。“即使坐公共汽车，你也要永远坐在第一排。”父亲从来不允许她说“我不能”或“太难了”之类的话。

对于年幼的孩子来说，父亲的要求可能太高了。但他的教育在以后的年代里被证明是非常宝贵的。

正是因为从小就受到父亲的“残酷”教育，才培养了玛格丽特积极向上的决心和信心。在以后的学习、生活和工作中，她时时牢记父亲的教导，总是抱着一往无前的信念和坚定的信心，尽自己最大的努力克服一切困难，做好每一件事情，事事必争一流，以自己的行动实践着“永远坐在第一排”的誓言。

玛格丽特在上大学时，学校要求学5年的拉丁文课程。她凭着自己顽强的毅力和拼搏精神，硬是在一年内全部学完了。令人难以置信的是，她的考试成绩竟然名列前茅。

玛格丽特不光在学业上出类拔萃，她在体育、音乐、演讲方面也是学生中的佼佼者。她当年的校长这样评价：“她无疑我们学校建校以来最优秀的学生，她总是雄心勃勃，每件事情都做得很出色。”

正是因为如此，四十多年以后，英国乃至整个欧洲政坛上才出现了一颗璀璨耀眼的明星，她就是连续4年当选英国保守党领袖，并于1979年成为英国第一位女首相，雄踞英国政坛长达11年之久，被政界誉为“铁娘子”的玛格丽特·希尔达·撒切尔夫人。她使英国在经济、文化和政治生活上都发生了巨大的变化，直到今天，撒切尔夫人对英国的影响力仍然存在。不只是在英国国内，就是在整个国际社会，她都被视为是一位强有力的领导人，她在很大程度上改变了外界对妇女的印象。

在这个人才辈出，竞争激烈的世界上，想坐在第一排的男孩不少，真正能坐在第一排的男孩却总不会很多。许多男孩所以不能坐到“第一排”，就是因为他把“坐在第一排”仅仅当做一种人生理想，而没有真正付诸具体行动。

理查·派迪是运动史上赢得奖金最多的赛车选手。当他第一次赛完车回来向他母亲报告赛车结果时的情景对他以后的成功影响很大。

“妈！”他冲进家门叫道，“有35辆车参加比赛，我跑了第二名。”

“你输了！”他母亲回答道。

“但，妈！”他抗议道，“您不认为我第一次就跑个第二是很了不起的事吗？特别是这么多辆车参加比赛。”

“理查！”她严厉道，“你用不着跑在任何人后面！”

在接下来的20年中，理查称霸赛车界。他的许多项纪录到今天还保持着，没被打破。他从未忘记母亲的教诲：“理查，你用不着跑在任何人后面！”

是的，“你用不着跑在任何人后面！”一旦你从内心决定要得第一，那么你就会有更大的动力。

在生活中你敢不敢说“我是第一”？回答这个问题并不困难。如果你是个渴望成功的男孩，并且是个认识到以个性为中心是成功的基础的男孩，会回答：“当然，我就是第一。”如果想保持一点谦虚的绅士风度，你也可以回答：“不是第一。”但要不失时机地补上一句，“是并列第一”。

为什么一定要是第一呢？因为你本来就是第一。至少，你要在意识中播种争第一的信心。

领先一步往往就是强者

起跑领先一小步，人生就能领先一大步。在竞争激烈的时代，要如何在同辈之间冒出头？其方法就是要比别人多学一点点知识，这一点点知识常常就会在关键时刻，让你比别人多一些领先成长的机会，在任何行业只要能够想到比别人领先一步，就能够抢占先机，在你的行业处于竞争优势。男孩，就要有领先一步的意识。这样，无论是在学习上还是在生活中，你都会比别人走得更远。

现在流行的“迷你裙”就是在起跑时领先了一小步，才造就了玛丽·奎恩特“迷你裙之母”的地位，同时也为她带来了滚滚的财富。

20世纪50年代，正当英国街头的时髦青年，身穿奇特的黑色服装，骑着摩托横冲直撞时，一位来自威尔士的年轻女子玛丽·奎恩特的服装设计使时髦青年的时髦衣着变得微不足道了。1934年玛丽·奎恩特出生在英国威尔士的阿伯腊斯特威思，她是一个教师的女儿。16岁她到了伦敦，就读于伦敦金饰学院绘画系，毕业以后在女帽商埃里克的工作室里开始她的设计生涯。她的设计对象，恰是针对当时还未引起人们注意的少女时装。当时女孩们衣着毫无特色，通常是穿着母辈的老式衣服。玛丽说：“我时常希望年轻人穿上她们自己所喜欢的衣服，它不是古板过时的，而应是真正20世纪的年轻女装。但是，我知道这一工作尚未引起人们足够的关注。”

1955年，年轻的玛丽·奎恩特和丈夫亚历山大·普伦凯特·格林在伦敦著名的英王大道开设了第一家“巴萨”百货店。他们的服务对象就是面向青年，玛丽·奎恩特推出的第一件服装，就是后来名闻遐迩的“迷你裙”。虽然当时他们俩的产业极小，更属时装界的无名之辈，但这种微弱的震动，恰恰预示着服装界未来的强烈地震，这是具有划时代意义的一步。50年代的裙长徘徊在小腿肚上下，迪奥在1953年只不过将裙下摆剪短了若干英寸，在新闻界里就爆出一大冷门。而当时鲜为人知的玛丽·奎恩特，却以其激烈的观点，开始了新时期的服装革命。她当时的战斗口号是：“剪短你的裙子！”

1965年，迷你裙和宇宙时代的青年女装风靡全球，玛丽·奎恩特进一步把裙下摆提高到膝盖上四英寸，英国少女的装扮已成为令人羡慕和仿效的对象。这种风格被誉为“伦敦造型”，到了60年代中期，“伦敦造型”成为国际性的流行样式。新时装潮流不可遏制，青年人狂热地欢迎迷你裙，中年女性也以惊羡的目光接受这一变革，多种不同的迷你风格装应运而生。

竞争中一小步的领先不容忽视。因为，正是这一小步会给你带来多一点的机会，让你在同辈间领先成长，出类拔萃，最后将你推向一代弄潮儿的高度！

第五辑

男孩子就要有原则

“力求成为自我，在任何时候都忠于自我，力求达到内心的和谐。”这是俄国文豪高尔基对年轻人的期望。不能坚持原则的男孩，就好像墙上的无根草，随风飘摆不定，找不到自己的方向。这样的男孩，是得不到别人信任的，也更谈不上成功。如果你自己都不确定想要什么，不要什么，别人又怎么给你呢？不要为了谋取小功小利而不择手段，甚至放弃自己的最后一项原则，一旦原则丧失，未来就只能任凭别人的摆布与欺骗。

放弃虚假的100分

诚实是人的宝贵品质，作假总有一天会被别人识破的。林肯有句名言：“你可以在全部时间内欺蒙住部分的人；你也可以在部分时间内欺蒙住全部的人；但你不可能在全部时间内欺蒙住全部的人。”诚实是成功的“助推器”，作假是成功的“绊脚石”。男孩一定要懂得这个道理。

莫罕达斯·卡拉姆昌德·甘地出生在一个世袭贵族家庭，父母重视对子女的品德教育，对甘地没有娇生惯养。甘地从小也就有意识地培养自己的品德，希望成为一个道德高尚的人。

有一次，上级派来的督学来学校检查学生的学习情况，安排在课堂上进行英语考试。老师和同学都非常重视。考卷一共出了5道题，其中4道题，甘地都答对了，却有一道题把他难住了。他坐在凳子上看着试题，苦思冥想，就是想不起来“茶壶”这个单词怎样写。

时间一分一秒地在流逝，考试结束的时间快到了，其他同学一个个答完了试卷，高高兴兴地走出了教室。甘地心急如焚，要是再想不出来，就答不上了。如果这次考得不好，怎么对一向关心自己的老师和家长交代呢？

甘地越是着急就越想不起来，他急得头上都冒出了汗珠。这时，老师刚好走到甘地后面，看见甘地还有一题没有写上答案，感到非常吃惊——

他平时学习不错呀，怎么今天反而不如其他同学呢？于是，老师就有意用鞋尖碰了一下甘地坐的椅子腿儿，暗示甘地偷看一眼邻座同学的考卷答案。甘地马上意识到了老师的苦心。其实，老师平时也经常教导同学们要做个诚实的孩子，不止一次告诉孩子们作弊是可耻的行为。可能这次考试的确比较重要，连老师都希望甘地能考个好成绩，才出此下策吧。

怎么办？甘地心想，如果遵循老师的暗示，只要他朝邻座上看一眼，他就会轻而易举地得到那题的正确答案，那么很快地就能答完试题，让自己烦躁的心情平静下来，而且老师事后也不会责怪他。但是，甘地想，如果他这么做了，那他不就成了一个曾经故意作弊的孩子吗？明知道那是错的，为什么还要去做呢？

甘地没有按老师的示意去做，而是静静地坐在座位上又思考了起来。最后，下课铃声响了，甘地的考卷上还是空着一道题，结果可想而知，其他同学都考得不错，很多同学得了100分，大家都很高兴，只有甘地得了80分。当老师把考卷递到甘地手里时，他好像被甘地的这种诚实行为所感动。尽管甘地影响了班上的成绩，老师也没有责怪他。

甘地把考卷拿回家后，把详情如实地告诉了他的父母，他承认自己这次没有考出好成绩是由于没有认真复习功课。他的父母没有批评他，同时肯定了他的诚实行为，他父亲说："孩子，你做得对，我们宁愿要你有一个诚实的品质，而不要那个虚假的100分。你的80分在我们看来比100分更可贵。"

果然，甘地后来的品德对他成为民族运动领袖起了不可低估的作用。他靠自己的人格魅力和领袖的声望，发动了反对英帝国主义的"不合作运动"，为印度人民争取独立解放事业做出了巨大贡献。

坚持自己的想法

法国杰出的生物学家巴斯德有句名言："我唯一的力量就是我的坚持精神。"坚持往往是通往成功的必由之路。胜利常常孕育在坚持之中。人的一生会经历多个转折点，关键的时候，男孩一定要坚持自己的想法。

俄罗斯前总统弗拉基米尔·普京出身工人家庭，父母在他小的时候就暗示，他日后必须上大学。他父母自己大概也弄不清到底让普京去考什么大学，但有一点他们是铁定无疑的，那就是他必须接受高等教育。在高等教育比较普及的俄罗斯，上大学是谁也不愿轻易放弃的最低标准。

十年级中期，当普京跟父母说他准备考大学之后，他们不仅没有什么异议，反而对普京的学习抓得更紧了。然而，普京的柔道教练拉赫林却对普京考大学的志向不以为然，反倒力主他去报考大专。

原来，普京从11岁起就跟随拉赫林在列宁格勒金属工厂附属高等技术学校体育俱乐部练柔道。教练们能轻而易举地将其所有学员顺利地转入这一学校，从而使他们免除兵役。

于是，拉赫林特意约见普京父母，告诉他们根据普京的成绩他可以被保送到这所高等技术学校，根本不用考试。他还说，这所学校不错，如果放弃这个大好机会，就是做天大的傻事。考大学本科是一种冒险，万一考不上，普京就得马上参军入伍。

普京的父母听拉赫林这么一说，原先一定要让普京考大学的想法也有些动摇，并开始给普京做思想工作。这样，普京便陷入“两面夹击”的境地：在训练场上，拉赫林教练劝他；回到家里，父母又给他摆道理。说来说去，都是叫他放弃报考大学，稳稳当当地转入高等技术学校就读。

这是普京人生的一个重要关头，普京必须做出抉择：要么现在一切都由他自己决定，从而走向下一个他所期望的人生新阶段；要么他认输，听从父母和教练的安排。

最终普京毅然坚持报考大学，他对父母说：“我就是要考大学，就这么定了！”

“那你就得去当兵。”家里人众口一词地说。

“当兵就当兵，没什么可怕的！”普京坚定地回答。他父母也没有再勉强。

普京没有辜负父母的期望，也出乎教练的意料，当年如愿以偿地考上了列宁格勒大学法律系，他的人生从此跨入一个决定性的新阶段。普京完美地度过了人生中的第一个转折点。

假如普京当初听从父母和教练的安排进入技术学校，后来他很可能就没有机会成为总统，俄罗斯的历史也将要改写。

不要轻易许下诺言

男孩一旦许诺，就要做到。这样才能成为守信、诚实、靠得住的人。成熟的男孩一定是诚实守信的，“不轻诺”是守信的基础。轻率的许诺者，如果做不到，就会成为没有信义的人。

战国时，甘茂在秦国为相。可是秦王却偏爱公孙衍。秦王有一次曾经许诺公孙衍，将来必定有所提拔。他亲自对公孙衍说：“我准备让你做相国。”

甘茂手下的官吏在路上听到这个消息，就去告诉甘茂。甘茂因此进宫拜见秦王说：“大王得了贤相，今斗胆给大王贺喜。”

秦王说：“我把国家托付给你，哪里又得到贤相呢？”

甘茂说：“大王将要立公孙衍为相。”

秦王曰：“你从哪里听来的？”

甘茂回答说：“公孙衍告诉我的。”

秦王窘迫非常，于是就驱逐了公孙衍。秦王轻诺公孙衍，事后又不兑现自己的诺言，结果成了失信于人的君主，同时也伤害了一直忠心耿耿的良臣甘茂。要做到不轻诺，除了要有自知之明之外，还必须养成对客观情况做比较深入和细致了解的习惯。谨慎许诺！

迟到的认错

席勒说："智者改过而向善路走，愚者耻于改过而一直做错误的事。"成功的道路往往都不是一帆风顺的，即使是杰出的人也可能犯这样或那样的错误。关键是要有是非观念，发现了错误要及时纠正。男孩如果想成功，那么，你就应该做一个明辨是非的人。一旦发现自己做错了事或说错了话，应该诚恳认错，向对方表示歉意，并从错误中吸取教训，这样才有利于走向成功。

18世纪的钟声已经消逝了，欧洲大陆却仍然沉浸在"上帝创造万物"的蒙昧中。进入19世纪，历史的巨轮刚刚转过了9个年头，是年春日，距离英国伦敦两百多公里的地方，在一座名字叫施鲁斯伯里的小城里，伴随着一声啼哭，一个男婴降生在一个有名望的医生之家。这个男婴就是进化论的奠基人，后来成为19世纪最伟大的科学家之一的查理·达尔文。

经过二十多年潜心研究，达尔文写成的科学巨著《物种起源》终于出版了。在这部书里，达尔文旗帜鲜明地提出了进化论思想，说明物种是在不断地变化之中，由低级到高级、由简单到复杂的演变过程。这一理论不但改变了生物科学的面貌，而且也极大地变革了人们的科学观念，动摇了传统的上帝创造万物的学说，使人们逐渐挣脱了宗教的桎梏，在人类文明的历史进程中具有里程碑的意义。

然而，当时英国教会认为，达尔文的进化论不符合上帝创造万物的观点，裁判进化论是错误的，教会群起批驳达尔文，并把他驱逐出教会。

一百多年后，英国教会终于发表声明，承认错误，表示道歉。虽然迟来的认错对达尔文本人来说是象征意义大于实际意义，但教会认错的做法还是得到了多数人的理解和肯定。

迟来的诚实也是一种可贵的品质，那是一种自我醒悟后的升华，是一条明辨是非的底线。这同样需要一种自我超越的勇气，一种尚未泯灭的良知，一种有所包容的大度。

一诺值千金

许诺在一时，践约却需要永远，这是伟人和凡人都需要恪守的原则。但是有许多男孩，总喜欢“许愿”，却从来不“还愿”，这样的人必然会陷入信用危机，让人轻易不敢与其打交道，他的事业也做不大。

一天，百事可乐公司的总裁卡尔·威勒欧普快下班时，接到当地市长邀请他参加晚宴的电话，他毫不犹豫地谢绝道：“很抱歉，我已经说好今天晚上陪女儿过生日。我不想做一个失约的父亲。”

走出办公大楼，卡尔给女儿买了生日礼物，驱车直奔市中心新开业的游乐园，去那里与妻子一道为女儿过生日。

为避免打扰，卡尔和妻子都关闭了手机，他们全身心地陪伴着女儿，开心地享受着这个愉快的节日。

卡尔正兴致勃勃地看着女儿吹灭红红的蜡烛并开始切分蛋糕，他的助理急匆匆地赶来了。他把卡尔叫到旁边，小声汇报——有一个本公司非常重要的客户，很想在这个晚上与他见一面。

“可是，我已答应了女儿，今天整个晚上都陪在她身边。”卡尔面露难色。

“客户此前确实没有约定，他只短暂在此地停留，是临时决定要拜见总裁的……”助理委婉地建议道。

怎么办？一边是已经陪伴了两个小时、正玩得开心的女儿，另一边是等待约见的公司重要的客户。卡尔没有犹豫，他转身告诉助理：“我觉得我还是应该留下来陪女儿，你去接待一下客户，并替我转达真诚的歉意，跟他约好时间，届时我会亲自登门拜访。”

“卡尔先生，您是不是先去……”助理提醒总裁这个客户实在太重要了，丝毫不能得罪的，要不然就不会匆匆地找来了。

“爸爸，您先去忙工作吧，妈妈陪我一样很快乐。”女儿十分理解父亲，催促父亲去见客户。

“不，我已说过，我不想做一个失约的父亲。今天晚上，市长的宴请和客户的约见，确实都很重要，但我一个月前向女儿许下的承诺更重要，谁都不能改变我作出的承诺。”卡尔一脸的坚定，让助理打消了继续劝说的念头。

第二天，卡尔上班做的第一件事，就是打电话向那位客户道歉，客户非但没有生气，反而由衷地赞叹道：“卡尔先生，其实我要感谢您啊，是您用行动让我真切地记住了什么叫做一诺千金，我明白百事可乐公司兴旺发达的真正原因了。”

此后，卡尔和这位客户竟成了非常亲密的合作伙伴，甚至在公司经营遭遇最大困难的时候，也不曾动摇彼此的信任。

做事要有主见

男孩要保持自己的本色。经验、环境的遗传造就了独特的你，无论是好是坏，你都得耕耘自己的田地；无论是好是坏，你都得弹起生命的琴弦。只有培养良好的自主意识，才能成就辉煌的人生！

每个男孩都是独一无二的，你就是你自己，你无须总是效仿他人。保持自我本色，是很重要的一点。

你如果想面面俱到，不得罪任何人，又想讨好每一个人，那是绝对不可能的！因为在做人方面，你不可能照顾到每个人的面子。即使你认为照顾到了，别人却不一定会这么认为。在做事方面，你也不可能顾及到每个人的立场。每个人的主观感受和需要都不同，你想要让每个人都满意，事实上，很可能让所有人都不满意！结果呢？为了面面俱到，反而把自己累坏了，而因为怕别人不满意，还得察言观色，揣摩别人的心思，好辛苦啊！那应该怎么做呢？很简单，做你该做的。也就是说，你认为对的，就应坚决去做，参考别人的意见要看意见本身，而不是别人的脸色。这么做有时确实会让一些人不高兴，但你的不动摇，却会赢得这些人事后的尊敬。因为你坚持的初衷不是为了私心！

我们来看道格拉斯·玛拉齐的一首诗：

如果你不能成为山顶的高松，那就当山谷里的小树吧；

——但要当棵溪边最好的小树。

如果你不能成为一棵大树，那就当一丛小灌木；

如果你不能成为一丛小灌木，那就当一片小草地；

如果你不能是一只麝香鹿，那就当尾小鲈鱼；

——但要当湖里最活泼的小鲈鱼。

我们不能全是船长，必须有人去当水手。

这里有许多事让我们去做，有大事，有小事，

但最重要的是我们身旁的事。

如果你不能成为大道，那就当一条小路；

如果你不能成为太阳，那就当一颗星星。

决定成败的不是你尺寸的大小，

——而在于做一个最好的你！

爱默生也在他的散文《自恃》中表达了同样的观点：每个男孩在受教育的过程中，都只会有一段时间确信：嫉妒是愚昧的，模仿只会毁了自己；每个男孩的好坏都是自身一部分，与别人无关；纵使宇宙充满了美好的东西，但如果不努力，你什么也得不到；你内在的力量是独一无二的，只有你知道自己能做什么，但除非你真的去做，否则连你也不知道自己真的能做什么。

没有主见，失去自己的本色，永远都无法做最好的自己。

懂得选择自己的人生

所谓“不在一棵树上吊死”，即不必认死理，只要能找到最适合自己的生存方式。男孩只有懂得选择自己的人生，才能把自己的精彩演绎得淋漓尽致。

英国著名诗人济慈本来是学医的，后来他发现自己有写诗的才能，就当机立断，放弃了医学，把自己的整个生命投入到诗歌的创作中。他虽然只活了二十几岁，但他为人类留下了许多不朽的诗篇。

马克思年轻时曾想做个诗人，也曾经努力写过一些诗歌（后来他自称是胡闹的东西），但他很快就发现自己的长处和兴趣并不在这里，便毅然放弃做个诗人的梦想，转到社会科研上面去了。

如果他们两个人都不认识自己，没有找准自己的位置，那么英国至多不过增加了一位庸医，而在国际共产主义运动史上也肯定要失去一颗耀眼的明星。

伽利略是被迫去学医的。在他被迫学习解剖学和生理学的时候，他偷偷地研究复杂的数学问题。当他从比萨教堂的钟摆发现钟摆原理的时候只有18岁。

罗大佑的《童年》、《恋曲1990》等经典歌曲影响和感动了一代人。罗大佑起初是学医的，后来他发觉自己对音乐情有独钟，所以他弃医从乐，他的选择是对的。

俄罗斯著名男低音歌唱家奥多尔夏宾19岁的时候，来到喀山市的剧院经理处，他准备加入合唱队。但他正处在变音阶段，结果没被录取。过了七年，他已成了著名歌唱家。一次他认识了高尔基，向他谈了自己青年时代的遭遇。高尔基听了，出乎意料地笑了，原来就在那个时候，他也想成为该剧院的一名合唱演员并被选中了，不过很快他就明白，他根本没有唱歌的天赋，于是退出了合唱队。

离斯特拉福德镇不远有一座贵族宅邸，主人是托马斯·路希爵士。有一天，刚二十出头的莎士比亚伙同镇上几名好事之徒，溜进爵士的花园，开枪打死了一头鹿。结果莎士比亚被当场抓住，在管家的房间里被囚禁了一夜。莎士比亚在这一昼夜间受尽污辱，他被释放后便写了一首尖刻的讽刺诗，贴在爵士的花园的门上。这下子惹得爵士火冒三丈，扬言要诉诸法律严惩那个写歪诗的偷鹿贼。于是莎士比亚在家乡待不下去了，只好走上去伦敦的途程。

正如作家华盛顿·欧文所说："从此斯特拉福德镇失去了一个手艺不高的梳羊毛的人，而全世界却获得了一位不朽的诗人。"

不做书呆子

真理是不辩不明的。一个男孩独立思索，发现问题，敢于与老师争论，不仅无损于老师的尊严和声誉，反而会让老师对敢于与自己争论的学生刮目相看。

古希腊著名哲学家亚里士多德出生在富裕家庭，从小就受到了贵族生活的熏陶。他的言谈举止温文尔雅，接人待物礼貌周全，上学时照样穿着华丽光鲜的衣服。

亚里士多德的老师柏拉图对这些很反感，对他说："一个追求真理的青年人不应该过分地打扮自己。"

亚里士多德回复老师说："糟糕的服饰不能给自己良好的心情。"

柏拉图听后觉得有些道理，也就不再责备他了。

柏拉图是一个非常重视数学的人，他认为数学能把人的心灵带向真理，并且还能把人的思想境界提高到哲学的高度。于是，他在学院大门上刻着一行大字："不懂几何者不得入内。"同学们都知道这个观点是老师提出来的，就经常跟随老师一起高喊这个口号。但是，亚里士多德却不赞同老师的这个观点。对此，他们师生二人常常产生抵牾。此外，在很多学术问题上，亚里士多德又经常坚持自己独立的见解，在与其他同学讨论过程中不时批驳柏拉图的理论。他在学院里还敢经常与柏拉图当面争论，甚至有时候把老师问得都答不上来。

一些同学认为，亚里士多德竟敢让老师下不了台，太伤老师的面子了。于是，他们就对亚里士多德非常不满。有一次大家责备他不尊重老师，亚里士多德却并不买账，他认为自己与老师争辩没有错，他对责备他的同学说：“我爱老师，但我更爱真理。”亚里士多德坚持己见，丝毫不肯认错，其他同学也就无可奈何。

有人把这件事告诉了柏拉图，想知道他的看法。柏拉图淡然一笑说：“我的学院可分成两部分：一般学生构成它的躯体，亚里士多德构成它的头脑。”其实，柏拉图压根儿就没有因为亚里士多德敢与自己争辩而厌弃他。从这句话中，就可以知道柏拉图对亚里士多德的评价了。

亚里士多德善于思考，敢于争辩，最后终于成为大哲学家，被人誉为“哲学之王”。他创立的形式逻辑学，对后来的科学产生了深远的影响。他说过的“贫穷是罪恶的母亲”和“忽视教育的国家必然要灭亡”等许多话今天仍然被人当做名言。

男孩子要勇于担当

前苏联著名教育家苏霍姆林斯基说：“父亲——男人的作用是由他的责任心决定的。能够负责任、尽义务的父亲是真正的男人。”在民族危急时刻，挺身而出，勇于担当，方显男子汉的英雄气概。

华盛顿出生于弗吉尼亚州，虽然父亲是大庄园主，但在他11岁时父亲就去世了。华盛顿没有受过高等教育，但勤奋好学，而且养成了严谨扎实的作风。华盛顿20岁那年，哥哥劳伦斯因病去世，华盛顿便挑起了全家的重担，成了弗农山庄的主人。

1775年4月19日，华盛顿在草地上宴请宾客，忽然传来一个消息：驻守新英格兰的英军出动一千七百多人，袭击了当地民兵在波士顿的秘密军火库。当地人民自发地拿起武器阻截，归途中又屡遭伏击，死伤四十多人。这是殖民地对宗主国进行公开起义的信号。

华盛顿听到这一消息，当即对大家说："这是可悲的选择。但是，我们非进行抵抗不可。一个正直的人在选择自己道路的时候，难道还能有什么犹豫吗？"

这个事件的起因是，当时北美有13个英属殖民地，虽有自己的政府机构，但都属宗主国管辖。随着经济的发展，英国把殖民地作为扩大税收的肥肉。1765年，英国又颁布了《印花税法》，规定：报刊、法律证件、商业单据和各种印刷品都须交付印花税。此举引起了人民的极大不满，群众甚至闯入税务机关，赶走税吏，焚烧税票。有的地方税吏被涂上柏油，粘上羽毛，游街示众。

1774年9月5日，北美殖民地人民在费城举行了第一届殖民地大陆会议。华盛顿是代表之一。会议决定以和平方式向英王抗争，并拟就了呈交英王的请愿书。然而，英王并不想妥协。

面对严峻的形势，美国革命元老之一亚当斯，在第二次大陆会议上慷慨陈词："先生们，现在已经到了万分危急的时刻……因此我建议组织大陆军，由一位将领统率。我认为，只有一人可以担此重任，此人就在我们中间，他来自弗吉尼亚，具有卓越的军事才干和优秀品德，他一定能把各殖民地团结起来。我坚信，他能胜过我们任何人！"

亚当斯虽然没有点名，但大家都不约而同地把目光转向华盛顿。他当时坐在靠门的地方，一听到亚当斯的话，便悄悄溜出门去，结果大家看到的是一张空椅子。

大敌当前，临危不惧，华盛顿毅然接受了总司令的职务。他来不及回弗农山庄同妻子告别，第二天便匆匆奔赴前线。

华盛顿挑起了总司令的担子，但马上发现自己是光杆司令，根本就没有一支像样的军队。他对自己的秘书米夫林上校诉苦说：“人们对我抱有很大期望，可是我们没有人、没有兵、没有武器……更令人痛心的是，我又不能向世人求援。如果我公开表白我们缺这少那，不就等于暴露我方弱点而助长敌人气焰吗？我的良心和一个军人的道德告诉我，不能这样做，我只有自食其果。”

虽然，由当地民兵组成的军队缺乏训练，部队的装备也跟不上，在战斗中，华盛顿表现出了坚毅果敢、不畏风险的军人气质。尽管他打了不少败仗，但屡败屡战，越打越强。他同时还要对付来自大陆会议内部一些人的暗算，为此他吃尽了苦头。

经过6年英勇奋战，殖民地人民军迫使英国侵略军于1781年10月投降。1783年9月3日，英国正式同意美国独立。华盛顿被一致推选为美利坚合众国的第一任总统。正是在美国独立战争期间，美国民众认识了这样一位敢于担当、不怕艰险、百折不挠、冷静持重和宽宏大度的伟人。

当机立断成大事

俗话说："机不可失，时不再来。"很多男孩因为瞻前顾后，错失了机会，悔恨莫及。机遇都有这样的特点，它是突然地来临，又会像电光火花一样稍纵即逝。要想抓住机会，男孩就必须当机立断做出大胆的抉择。

早年，安德鲁·卡耐基的父亲失业后，从苏格兰移民到美国。定居匹兹堡时，他们的生活几乎到了断炊的地步。卡耐基因为家里穷困，年少体弱，一直没有机会接受教育，便到一家工厂当了一名杂工。

后来，卡耐基看准当时新兴的电报行业有前途，毅然转入电报业，他全然不顾地去冒险当了一名电报投递员。卡耐基一有空闲就向技术人员请教，终于掌握了电报通信技术。不久，匹兹堡电报局招聘电报技术员。由于当时缺乏电报专业人才，卡耐基一申请就获聘，没多久便被聘任为正式技师。

在工作中，卡耐基认识了一家铁路公司匹兹堡管区内的负责人史谷特。在史谷特的劝说下，卡耐基转到铁路公司任职，周薪35美元。在当时这是一份令人羡慕的高薪工作，对一个19岁的青年来说，有这份薪水已经足够他一家人过上充裕的生活了。在他任职的第六年，年仅24岁的卡耐基被提升为匹兹堡管区的总负责人，这是他人生道路上的第一个高峰。

然而，制造铁轨才是卡耐基跻身于富翁行列的关键之举，虽然这一计划的腹稿在他胸中已经酝酿了许久，而他做出创业的决定，是在与史谷特不到10分钟的谈话之后。

有一天，上司史谷特把卡耐基叫到办公室，很高兴地告诉他："安德鲁，恭喜你！"

卡耐基疑惑地问："有什么好事？"

"我已经跟董事会谈妥了，升你做副总经理，当我的副手。"史谷特说。

"我怕自己能力不够，担当不了这个重任。"卡耐基想找到一个借口，把这件事挡回去。

史谷特带点得意的口吻说："安德鲁，正因为你的工作能力很强，我才选中你。也许你自己不知道你有多大能力，但我知道，等我退休之后，我相信，总经理的职位非你莫属。"

卡耐基由衷地说："谢谢您！可是，我仍然有点不明白，我们这条铁路线上已有两位副总经理了，为什么要再加一位呢？"

"喔，也难怪你这样问。"史谷特笑着说。"我们的董事会决议，马上要建一条新铁路线，把匹兹堡与得克萨斯州的石油中心区连贯起来。"

卡耐基恍然大悟，随即问："原来我们要建筑新的铁路，什么时候动工？"

"当然还要一段时间了。"史谷特沉思着说。"我担心一旦开工之后，材料供应不足。如果工程停停做做的话，就要多花费很多钱。我最担心的就是铁轨，按照现在的情形，生产厂商只供应我们一家还可以，但据我所知，已有好几个地方要建设新铁路，铁轨的需求量一定很大，这是个重要问题。"

史谷特说："你不必再考虑了。这是个前景远大的事业，请你相信我，以你的才能，你在铁路事业上的成就将来一定能超过我。"

卡耐基诚恳地回答道："对不起！我现在不能接受您的提议，让我再考虑几天吧？”

“好吧。”史谷特用看陌生人的眼神打量他一会儿，说道：“我不知道你脑子里想的是什么，我第一次发觉我并没有真正地了解你。你知道，我对你的期望很大。”

“让您失望我很抱歉！”卡耐基感到有点内疚，下意识地搓着手说：“但我没有丝毫恶意。”

“我知道。”史谷特抚弄着烟斗，沉默了一小会儿说：“你准备什么时候答复我？”

卡耐基答复说：“事实上，我的答案已经考虑好了，只是……我不忍当面告诉您。”

史谷特猛然抬起头来，吃惊地看着他：“你是说，你不愿意升职？”

“是的，而且我要把现在的职务也辞掉。”卡耐基为难地说。

史谷特马上问道：“为什么？”

“因为我没有想过一辈子拿薪水的生活。”

“那你为什么不早告诉我？”

卡耐基说：“我是刚才听了您说的将要扩建铁路的消息才决定的，以前我还有点犹豫。”

随即，卡耐基作了一番解释，他从铁路的发展，谈到四通八达铁路网的建立，以及所需材料的数量，最后，他提出想自己办厂生产铁轨的想法——这简直就像是一份详尽的创业计划书。

当时，美国联邦政府与议会已经核准建造三条横贯美国大陆的铁路。此外，各州政府部门也提出了数十条铁路工程计划。美洲大陆铁路大规模建设的时代来临了，果然，卡耐基因为生产铁轨成为富翁，后来他又花费巨资买下专利生产钢铁，最终成为美国钢铁大王。

信用的回报

一个男孩有多少次人们信任你，你就拥有多少次成功的机会。成功的大小是可以衡量的，而信誉是无价的。用信誉获得成功，就像用一块金子换取同样大小的一块石头一样容易。

1835年，摩根成为一家名叫“伊特纳火灾”的保险公司的股东，因为这家小公司在成立时不用股东实际拿出现金，股东只要在名册上签上自己的名字即可。当时，摩根没有充裕的现金，这正符合他当时没有现钱却想获得收益的境况。

很快，有一家在伊特纳火灾保险公司投保的客户发生了火灾，如果按照法律规定完全付清赔偿金，保险公司就会濒临破产。股东们一个个惊慌失措，纷纷要求退股。

摩根斟酌再三，认为自己的信誉比金钱重要。于是，他四处筹款并卖掉了自己的房产，用变卖家产获得的钱低价收购了所有要求退股的股份，然后他将赔偿金如数返还给了投保的客户。

这样一来，人们认为伊特纳火灾保险公司有信誉，短时间内，公司声名鹊起，单就知名度而言，几乎可以与大公司相提并论。此时，几乎身无分文的摩根先生就成了这个保险公司的唯一股东，然而保险公司已经濒临破产。他在无奈之中打出了一份公告，并在公告中声明：凡是再投保伊特纳火灾保险公司的客户，保险金一律加倍收取。

不料，客户不但没有退缩，反而很快蜂拥而至。原来，经过这次赔偿客户火灾事件，很多客户都认为，伊特纳火灾保险公司是最讲信誉的，这一点使它比许多有名的大保险公司更值得信赖，因而大受欢迎。伊特纳火灾保险公司从此迅速崛起，很快就成了保险行业里的大公司之一。

许多年之后，J·P·摩根主宰了美国华尔街金融帝国。而当年的摩根先生，正是他的祖父，是美国亿万富翁摩根家族的创始人。

成就摩根家庭的并不仅仅是一场火灾，而是比金钱更有价值的信誉。还有什么比让别人信任你更宝贵呢？

作家巴尔扎克说："名誉比财产要紧。"信誉就仿佛是金融家第二张面孔。摩根在公司出现危机的时刻，变卖家当赔偿了投保客户，虽然公司濒临破产，但却为公司赢得了信誉，客户不减反增，最终造就了金融帝国，成为美国首屈一指的金融大王。

男孩，你也希望将来像摩根那样成为一名金融家吗？那么，你从小就要培养诚实守信的品德，信守自己的诺言，约定的事情不失约，养成珍惜个人信誉的习惯，等将来再掌握了金融知识，你就可以梦想成真。

珍惜名誉

千金易得，名誉难求。名誉应该是男孩一生中最值得珍视的财富。有成就的男孩都不会拿自己的名誉去谋取利益，反而会比平常人更加珍惜。试图以名声换取财富，或以名誉作为资本炫耀的男孩，最终不可能获得真正的名誉，往往也不会长久得到别人的尊重和敬仰。

法国大革命后，拿破仑上台执政，他统率军队打败了法国王党勾结欧洲封建君主所进行的复辟活动，击溃了国际反法联军，几乎占领了整个大陆，锐不可当。

1815年6月18日，拿破仑军队与威灵顿公爵统率的欧洲反法联军在布鲁塞尔附近的滑铁卢展开激战，最终，法皇拿破仑一世的军队被打败，威灵顿公爵因此声名大噪。威灵顿公爵率部回到英国后，他成了家喻户晓的功臣，但他没有居功自傲，仍旧谦让待人。

有一天，威灵顿公爵想起了他一直想买的一块空地，于是就让属下去跟那块地的主人商议。由于当时那块地的主人急着用钱，加上知道买主是赫赫有名的威灵顿公爵，双方没有费口舌，这桩买卖就随即成交了。

当那位下属回来后，威灵顿公爵问他用多少钱买下那块地，部下得意地说："我一报上您的名号，对方吓得直发抖……本来那块地值1500英镑，我用1000英镑就买下来了。"威灵顿却很不高兴地说："你把我的名誉以500英镑的价钱贱卖了！”第二天，他就派下属给卖主送去了500英镑。

莎士比亚说：“无瑕的名誉是世间最纯粹的珍宝；失去了名誉，人类不过是一些镀金的粪土，染色的泥块。”名誉是一个人的形象名片。男孩要想在社会上立足，成就一番事业，那么，维护好自己的名誉是非常必要的。所以，你从小就要懂得珍惜自己的名誉，参加公益活动，不做损人利己的事情，拒绝不良诱惑，保持健康向上的精神风貌，把自己塑造为有理想、有道德、有知识、有才干的少年。

慎始才能善终

美国著名教育家曼恩说：“习惯仿佛一根缆绳，我们每天给它缠上一股新索，要不了多久，它就会变得牢不可破。”试想，如果绳索在一开始的时候就没有缠好，即使你再缠上100道绳索，也只能越缠越歪。因此，要先打好基础，注重第一次或前几次良好行为出现后的鼓励和强化，以及不良行为出现的教育与矫正。这样，在每天缠上新的“绳索”的时候，习惯就会变得牢不可破。

“第一次”是养成良好习惯的开端，“第一次”也是形成不良习惯的开始，因此父母们必须把握好第一次的习惯教育，只有慎始才能善终。

阳阳是一个可爱的8岁小男孩，他的父母非常注意对他的习惯教育。自从他会爬开始，每次摔跤，父母都不主动抱他，而是鼓励他："自己爬起来，你真棒！"

阳阳有了第一次，不管摔得多厉害，都能自己爬起来，还会拍拍小手和衣服上的灰尘。"他以后会遇到比摔跤更需要自己应付的事情，我希望他永远记住'我能！我会！我很棒！'"阳阳的妈妈说。阳阳一天天长大，"自己事情自己做"的意识日益强烈，吃饭、穿袜子、戴帽子……什么事情他都要自己试一试。尽管几乎每次父母都要"返工"，花的时间比直接代办多得多，但如果第一次不给他试的机会，无异于剥夺了孩子学习、实践的权利。

有一次，妈妈带他去修鞋。鞋匠给顾客准备了一张小凳子，阳阳坐在凳子的一边儿，拍拍空出的一大半地方说："妈妈坐这儿！"妈妈感动得一时说不出话来，修鞋的老师傅夸道："嗬，这么小就知道心疼人了，真不错！"阳阳一听，又得意又害羞，小脸都红了。这是阳阳第一次会心疼妈妈，也是第一次听到"心疼人，不错！"这个评价，以后再要他为别人做什么，一提"心疼人"他就很乐意。

阳阳个子高，所以每次出去玩，家长都鼓励他不要大人抱，自己走。一次去动物园前，爸爸先和阳阳讲好条件——阳阳自己走，可一下车，阳阳习惯性地说："爸爸……爸爸要……"阳阳的父亲蹲下来，故意问他："你要干什么啊？"阳阳涨红了脸，仿佛经过了"激烈的思想斗争"，不十分情愿地说："爸爸……牵着！"

面对孩子的童稚，阳阳的父亲立刻意识到他第一次表现出控制意志的能力，是个了不起的进步，便给予了充分的肯定和赞美，于是阳阳走得更来劲儿了。

阳阳刚上小学时，第一次放学回来，父母就不失时机地告诉她，放学后，第一件事就应该是写作业，学习完后才能玩。所以孩子上学后，一直保持着这一好习惯，无论是星期天还是节假日，"学习完后再玩"已经成了一种良好的行为模式。

学习完后，将桌椅、书包整理好，睡觉前看几页课外书等习惯，也已经成了阳阳生活的乐章中不可缺少的音符。这一切都源于做父母的“第一次”的指导，所以，只有不轻易放弃第一次，才会有第二次、第三次……

从阳阳的故事中可以看出，几个第一次，对男孩子的影响是非常大的，男孩子以后是否会依赖这个行为模式一直走下去，关键就在于他第一次得到的外界回应如何。因此，在培养习惯的同时，要特别注重第一次。

坚守自己做人做事的准则

做人最重要的是什么？一位社会学家说的好：做人最重要的是要对得起自己的良心。以良心对人，以平心对事。不能以公为私，更不能以私害公，这两点一定要铭记在心。

保持男儿本色，坚守原则，不忘做人之根本，是我们在这个世上立足之根本。

一个男孩走进了面试的房间，主考官在认真地打量他。“如果是为了公司的利益，让你做出一定的牺牲，或者让你去别的公司里探听消息，你会为了公司而尽力去做吗？”主考官终于开了口。男孩觉得很意外，这个问题竟然不是关于专业知识的，他甚至没有问问自己的名字。男孩又回想了一下刚才在门外见到的那些竞争者，他们都很优秀，有些人还摆出了志在必得的架势。难道，主考官才只看了一眼，就已经准备淘汰我了吗？牺牲，什么叫有限度的牺牲？男孩在心里默默思考。探听消息，这可是违反商业信用的，即使是为了公司的利益，也不能这么做。男孩打定主意，坚定地说："不，我有我的原则，到任何时候都不能打破。"主考官的脸上忽然现出了欣慰的表情："在今天上午的面试者中，你还是第一个说'不'的。恭喜你，我们已经决定录用你了。"

日本著名的企业家吉田忠雄在回顾自己的创业成功经验时说，为人处世首先要讲究原则，这样才会赢得别人的信任。离开这一点，一切都成了无根之花，无本之木。

吉田忠雄在创业的时期，曾经做过一家小电器商行的推销员。开始的时候，他做得并不顺利，很长时间业务都没有起色，但他没有灰心，而是坚持做下去。有一次，他推销一种剃须刀，半个月内与20家客户做成了生意。但是后来突然发现，他所推销的剃须刀比别家店里的同类型产品价格高，这使他深感不安。经过深思熟虑，他决定向这20家客户说明情况，并主动要求向各家客户退还价款上的差额。他的这种做法深深地感动了顾客，他们不但没有收价款的差额，反而主动要求向吉田忠雄订货，并在原有基础上增添了许多新品种。这使吉田忠雄的业务数额急剧上升，很快得到公司的奖励，这给他以后自己创办公司打下了良好的基础。

只有坚持原则的人，才能赢得良好的声誉，才能令他人愿意与你建立长期稳定的交往。坚持原则使人们拥有了正直和正义的力量。坚持原则既要坚持你认为是正确的东西，还要公开反对你确认是错误的东西。

一位实习医生刚从学校毕业，在一家医院做实习生，实习期为一个月。在这一个月内，如果能让对方满意，他就可以正式获得这份工作。否则，就得离开。

一天交通部门送来了一位因遭遇车祸而生命垂危的人，实习医生被安排做外科手术专家——该院院长亨利教授的助手。复杂艰苦的手术从清晨进行到黄昏，眼看患者的伤口即将缝合，这位实习医生突然严肃地盯着院长说："亨利教授，我们用的是12块纱布，可你只取出了11块。""我已经全部取出来了，一切顺利，立即缝合。"院长头也不抬，不屑一顾地回答。"不，不行。"这位实习医生高声抗议道："我记得清清楚楚，手术中我们用了12块纱布。"院长没有理睬她，命令道："听我的，准备缝合。"这位实习医生毫不示弱，他几乎大叫起来："你是医生，你不能这样。"直到这时，院长冷漠的脸上才露出欣慰的笑容。他举起左手里握的第12块纱布，向所有的人宣布："他是我最合格的助手。"

院长在考验他是否坚持自己的原则——而她具备了这一点。这位实习医生后来理所当然地获得了这份工作。

坚持原则还会给人们带来许多：友谊、信任、钦佩和尊重。人类之所以充满希望，其原因之一就在于人们似乎对原则具有一种近于本能的识别能力，而且不可抗拒地被它所吸引。

怎样才能做一个坚持原则的男孩呢？答案有很多。其中重要的一条是：要锻炼自己在小事上做到完全诚实。当你不便于讲真话的时候，不要编造谎言，不要去重复那些不真实的流言蜚语，不要把个人的电话费用记入办公室的账上等。这些听起来可能是微不足道的，但是当你真正做它的时候，它本身所具有的力量就会令你折服。最终，你会明白，任何一件有价值的小事，都包含着它自身不容违背的原则，这些将使你成功做人。

第六辑

男孩子就要有好性格

拥有良好性格的人，具有良好的精神面貌、积极的心态、宽厚的胸怀、坚强的自信。人与人的差别归根结底在于性格，性格的微小差异会造成做人做事的巨大差别。许多男孩的失败不是因为对手强大，不是因为条件艰苦，或是其他种种外部的因素，而是因为自己灰暗的心灵。

高尚的人格铸就高尚的人生

一个人无论地位多高或者拥有多么巨大的成就，都不可避免地会犯这样或那样的错误，但贵在能够虚心听取下属与自己的主张相反的意见。

福特对汽车和摩托车行业的发展做出了巨大的贡献，他创造的著名的福特车系至今还是行业里的领头羊。他曾获美国总统颁发的“一等勋章”。在美国乃至整个世界的汽车制造业里，福特可谓是一个很有影响的重量级人物。

但没有人是十全十美的。在福特技术研究所内部，人们为汽车内燃机是采用“水冷”还是“气冷”发生了激烈争论。福特是“气冷”的支持者，所以新开发出来的N360小轿车采用的都是“气冷”式内燃机。

在美国举行的一级方程式冠军赛上，一位车手驾驶福特公司的“气冷”式赛车参赛。在跑完第三圈时，由于速度过快导致赛车失控，赛车撞到围墙后油箱爆炸，车手被烧死。此事引起了福特“气冷”式N360小轿车的销量大减。技术人员要求研究“水冷”式内燃机，仍被福特拒绝。一气之下，几名主要技术人员准备辞职。

福特公司的副总经理感到事态严重，就打电话给福特：“您觉得您在公司是当总经理重要，还是当一名技术人员重要？”福特在惊讶之余回答：“当然是当总经理重要。”

副总经理毫不留情地说：“那就同意他们去搞水冷引擎。”福特突然省悟过来，他毫不犹豫地说：“好吧！”后来几个技术人员开发出了适应市场的产品，使公司的销售量大增。这几个当初想辞职的技术人员均被福特委以重任。

福特公司步入了良性发展的轨道。一天，公司的一名中层管理人员瓦尔多与福特交谈时说；“我认为公司中层领导都已成长起来，您是否考虑一下培养接班人？”瓦尔多的活很含蓄，但却表明了要福特辞职的意愿。

福特一听，连连称道：“您说得对，不提醒我倒忘了，我确实该退下来了，不如今天就辞职吧。”由于涉及移交手续的问题，几个月后福特便把董事长的位子让给了别人。

放低姿态，虚心进取

物体要吸收热量，首先得冷却；人要跳跃，首先要蹲下。冷却和蹲下不是目的，目的是为了变得更热和跳得更高。同样，放低自己并不是男孩所追求的目的，你的目的是加重成功的砝码。

唐代诗人王维，在年轻时就很有名气了，他也因此显得十分高傲。

当时，科举考试盛行舞弊作假之风，如果应试之人没有权贵推荐，是很难高中的。因为这个缘故，读书人就纷纷找权贵做靠山，千方百计讨取他们的欢心。

王维是个有骨气的人，他认为这样做有失读书人的身份，他还当面对人说："考试要靠真本事，读书人不能走旁门左道。国家选用人才是大事，如果就这样形同儿戏，对国家是大不利的。"

王维坚持苦学，没有托请权贵做靠山，结果第一次考试就落第了。相反，那些有关系的虽不如王维学问好的人，却都高中了。

这件事对王维的打击很大，他由此变得沉默寡言了。这时，王维的朋友对他说："科举的风气不正，这是不争的事实，你能改变得了吗？你要想高中，就该知道你不中的原因，从而对症下药，着手解决，这样才有希望。你的学识是不差的，关键是你没有结交权贵，补上这一课，中个状元也不是难事。"

王维承认他说得不错，从此放下自尊，出入权贵之家。他不仅诗写得好，而且音乐才能也十分出色，特别是他弹琵琶的绝技，那是无人能比的。

岐王对王维十分赏识，他又把王维介绍给极有权势的公主。在拜见公主之前，有人提醒王维说："公主爱好音乐，只要你让她高兴了，天大的事都能帮你办到。你一定要卖些气力，千万不要搞砸了。"

王维记在心上，很是费了一番脑筋。在拜见公主时，他使出所有的本事，把琵琶弹得动人心魄，格外好听。

公主听完十分高兴，连连叫好。王维趁机又把自己的诗作献上，还恭维说："公主的才能，天下无人不知，有幸得到公主的教导，我现在即使死了，也没有遗憾了。"

公主听后更加高兴。岐王在旁边也替王维美言，求公主帮助王维科举高中。后来，有了公主的关照，王维终于高中状元，实现了多年的梦想。

王维掌握了科举的命脉，这才屈尊权贵，结果顺利地达到了自己的心愿。

这不是王维的过错，只是封建社会对人性扭曲的写照罢了。他的一首曲子比万卷书还管用，他找到了成就功名的一条捷径了。

取得以柔克刚的效果

男孩要在为人处世中减少别人的伤害，就必须学会忍耐。忍耐是人生过程中都要经受的最困难的一件事。一旦你忍耐的功夫练得炉火纯青，就能取得以柔克刚的效果。

富弼是北宋仁宗时的宰相，字彦同。因为其大度，上至仁宗，下至文武官员都称他品行优良。

富弼年轻的时候，因聪明伶俐，巧舌如簧，常常在无意之间得罪一些人，事后，他自己也深为不安。经过长时期的自省，他的性格逐渐变得宽厚谦和。所以当有人告诉他某某在说你的坏话时，他总是笑着回答："你听错了吧，他怎么会随便说我呢？"

一次，一个穷秀才想当众羞辱富弼，便在街心拦住他道："听说你博学多识，我想请教你一个问题。"富弼知道来者不善，但也不能不理会，只好答应了。

众人见富才子被人拦在街上，都涌过来看热闹。

秀才问富弼："请问，欲正其心必先诚其意，所谓诚意即毋自欺也，是即为是，非即为非。如果有人骂你，你会怎样？"富弼想了想，答道："我会装作没有听见。"秀才哈哈笑道："竟然有人说你熟读四书，通晓五经，原来纯属虚妄，富彦同不过如此啊！"说完，大笑而去。

富弼的仆人埋怨主人道："您真是难以理解，这么简单的问题我都可以对上，怎么您却装作不知呢？”

富弼说道：“此人乃轻狂之士，若与他以理辩论，必会言辞激烈，气氛紧张，无论谁把谁驳得哑口无言，都是口服心不服；书生心胸狭窄，必会记仇，这是徒劳无益的事，又何必争呢？”仆人却始终不理解自己的主人为何如此胆小怕事。

几天后，那秀才在街上又遇见了富弼。富弼主动上前打招呼。秀才不理，扭头而去；走了不远，又回头看着富弼大声讥讽道：

“富彦同乃一乌龟耳！”

有人告诉富弼那个秀才在骂他。

“是骂别人吧！”富弼说。

“他指名道姓骂你，怎么会是骂别人呢？”

“天下难道就没有同名同姓之人吗？”

他边说边走，丝毫不理会秀才的辱骂。秀才见无趣，低着头走开了。

抱怨是男孩成长的大敌

抱怨，是悬在男孩通往成功道路上的一把利刃，不摘除它，总有一天，自己会被它们刺伤的。

“万事如意”是每个男孩真诚的祝愿，但我们也要清醒地认识到，那只是一个美好的祝愿而已，真正的生活不如意之事常常会发生。

每个男孩都会遇到烦恼，但明智的男孩会一笑了之，因为有些事是不可避免的；有些事是无力改变的；有些事是无法预测的。能救的应该尽力去救；无法改变的就去坦然面对，调整好自己的心态去做该做的事。他们明白，抱怨没有任何意义。

洛克·菲勒说："我从未像有些人那样抱怨雇主，认为我们是奴隶，被雇主踩在脚下，他们却高高在上，在美丽的别墅里享乐，他们所拥有的每一块钱都是压榨我们得来的。我不知道这些抱怨的人是否想过，是谁给了你工作的机会？是谁给了你建设家园的可能？是谁让你得到发展自己的机会？如果你认为别人是在压榨你，你为什么不一走了之？"

做某件事情的关键是自己的态度，是否快乐，完全取决于你自己的心态。抱怨太多，自然不会快乐。

有一个男孩，18岁那年，就拥有了一家属于自己的咖啡店，生意做得非常好。但是，他刚开始创业的时候也曾走过了一段艰苦的路。他在工作中操作机器常有皮肉伤，但他咬牙撑下来了。那些汗水和泪水交织的岁月，如今已经成为记忆中光辉的一页。

他能如此工作就是因为，他是真心喜欢自己所做的事，并且引以为豪。他按照自己的方式工作，而工作就是他生活的一部分，也是快乐的来源。他的工作方式很辛苦，但他从不抱怨。

其实很多"怀才不遇"的处境都是男孩自己造成的，长期抱怨使他们有沉重的心理负担，从而影响了工作效率和激情。如果你真的碰上了才干无法施展的情况，一定要好好分析，是哪里出了错，不要一味抱怨。

抱怨可以使有才华的男孩埋没，是人生成功的极大障碍。男孩只有放下抱怨，才能轻装上阵，大步迈向成功！

努力克服自己的性格缺陷

性格是人对现实的态度和行为方式中较稳定而居于核心意义的个性心理特征。性格中的缺陷不仅制约着个人能力的发展方向，还制约着个人能力的发展水准。特别是对男孩而言，性格直接决定着一生的事业、前途和命运。

1927年农历五月初三，一位学术天才在北京颐和园的昆明湖自沉而死。这个人就是清末民初著名大学者王国维。王国维个性孤僻、极端。他忠于清帝国，曾任过清朝末代皇帝溥仪的老师。对于溥仪的退位、大清的崩溃，他万分伤感，最终走上了自杀之路。

假若仔细分析一下王国维的性格，就不难发现他的死因了。王国维处于社会的变革时期，又处在新旧文化的交替点上，其个人气质又极为特殊。以其孤僻、偏激的个性来判断，他的“自沉”是必然的。

性格的形成过程微妙而复杂，受先天与后天的影响巨大。人们常说：“江山易改，本性难移。”由此，建构首先需要扬弃，而扬弃的前提是要学会分析与鉴别。哪些性格的取向是生命的暗影，需要大刀阔斧地去丢舍？哪些性格是不需要修正便可去粗取精的？哪些性格又是人性中的精良之处，需要精心地呵护、全力打造？建构和扬弃是一个不能分割的过程，将这个过程认真地“履行”下来，也就是不断克服性格缺陷的过程。

每年的十二月一日，纽约洛克菲勒中心前面的广场，都会举办一次为圣诞树点灯的仪式。

硕大的圣诞树堪称完美，据说它们都是从宾夕法尼亚州的千万棵巨大的杉树中挑选出来的。

一位画家深深地被圣诞树的完美吸引住了，他带领自己所有的学生去写生。

“老师，你以为那巨大的圣诞树真的那么完美吗？”一个中年女学生神秘地笑道。

画家十分奇怪：“千挑万选，还能不完美吗？”

“多好的树都有缺陷，都会缺枝少叶，我丈夫在宾夕法尼亚当木工，是他用其他枝子补上去，才令这些圣诞树看上去如此完美的！”

画家恍然大悟：一切完美的事物都源自于修补。

人的一生就是自我完善的一生，自我塑造的一生。塑造性格的目的，就是要克服不良的性格，实现性格优化的转变，从而找到最真实的自我。

克服性格中的缺陷是一种完善自我的自觉行动。克服性格缺陷的自觉性，将决定能否在性格修养方面取得成效。克服缺陷的自觉性，首先来自于主体对性格缺点危害性的认识程度；其次，还取决于个体对自己严格要求的程度。出色的男孩，大多是从性格改造与完善中训练出来的。一个胸有大志的男孩，对自己才会有严格的要求，他的理想越崇高，为了实现这个理想而积极改造自我性格的决心就越大。

克服性格中的缺陷，做一个身心健康的男孩，是男孩发展自身、完善自身的美好愿望和追求。只有心理健康了，一个男孩才能称得上真正的健康，才能少生病或不生病。只有做到心理健康，一个人才能泰然面对复杂、纷繁的世界，才能从容参与、适应现代快节奏的社会生活，获得人生的成功。

决定成败的是你的自信

莎士比亚说："自信是走向成功的第一步，缺乏自信是导致失败的原因。我们每一个人都可能成为英雄，成就辉煌，只要我们相信自己。"男孩坚持自己的观点不是一件容易的事，它是对一个人自信心的最大考验。在困惑时，只有自信才能使你驶向成功的彼岸！

小泽征尔是世界著名的音乐指挥家。在还没有出名之前，他参加了一场很有影响的音乐演奏指挥大赛。

那天，小泽征尔走上指挥台，然后转身面向他要指挥的乐队。他将手中的指挥棒举了起来，随即，乐队演奏的音乐舒缓地回响在大厅里。刚开始演奏的时候，小泽征尔感觉一切还正常，然而随着演奏的继续进行，小泽征尔发现曲调越来越不和谐。这时，一个念头忽然在他的脑海里闪过：乐队演奏有问题，里面有错误！想到这里，他马上示意乐队停下来，然后重新开始演奏。第二次的演奏还是不能使他感到满意，乐曲中间总会出现那么几个显得很突兀的音符，听起来极不悦耳。

于是，小泽征尔再一次示意停止演奏。这一次，他转身对评委说："乐谱有错误。"

对于小泽征尔的疑问，一位评委十分肯定地回答："这是不可能的，乐谱不可能会出现错误。"

"不会有错，你放心，这可是标准的乐谱。"另一位评委也随之肯定地说。

这些评委都是大师和权威人士。此时，场内所有的人都把目光集中到了小泽征尔身上。小泽征尔把头低下，冥想了一会儿，突然，他抬起头大声说道："不，我肯定这乐谱有错误！"

瞬间，整个音乐厅内鸦雀无声。片刻过后，评委席上突然响起热烈的掌声……原来，这是评委们故意设计的一个"圈套"——乐谱的确被故意作了手脚，以此考验参赛的指挥家是否具有较强的自信心，是否能够坚持自己的判断。

小泽征尔经受住了考验，是他的自信为他赢得了胜利。这次考验为他后来成为举世闻名的大指挥家铺平了道路。

必须对自己充满信心

自信心是人生重要的精神支柱，是人们行为的内在动力。只要有自信，每个男孩都可能成为英雄。一个人，无论从事什么职业，也无论做什么，只要把自信时时处处融入学习和工作中，失败就会离他越来越远，成功则向他悄悄靠近。

在结束总统生涯之后，比尔·克林顿仍旧是美国人最喜欢的总统之一。美国人喜欢克林顿的原因非常一致，十个里有九个说是他拥有"超凡的魅力"，还有人说他是美国"智商最高"的总统，是继肯尼迪之后最好的总统。

从无名小辈打拼成美国总统，克林顿的故事无疑是一个真正的美国梦，充满了新鲜和离奇。尽管克林顿已经卸任，但他还是忙得不亦乐乎，在美国媒体的“曝光率”排行榜上也总是名列前茅。

有一次，克林顿来到加州康普顿市一所以他自己的名字命名的小学，给800名小学生当了一回“人生导师”。他现身说法，鼓励这些孩子“要有一个超凡的梦想，并相信自己一定有能力实现它”。

孩子们都很崇拜这位前总统，对他的爱好也一清二楚。在克林顿此行之前，他曾收到一个名叫罗莎的西班牙裔小女孩的一份“大礼”，其中包括一件高尔夫球衫、一幅学校图画和一顶写有“克林顿小学”字样的棒球帽。

来到学生之间，克林顿与学生们展开了轻松交流。罗莎问克林顿：“是什么原因使您走上了从政的道路？您又靠什么秘诀取得了成功？”

克林顿兴奋地说：“我16岁那年，曾经作为中学生代表参观白宫，那天碰巧遇见了约翰·肯尼迪总统，总统的勉励给了我很大的信心和动力。正是那次会见的经历，影响了我自己的一生，可以说这就是我政治生涯的起点。”

在谈到成功的秘诀时，克林顿认为，他自己的经历可以给孩子们做个榜样。他说：“我出生在阿肯色州的一个小镇上，那里从来都没有产生过一个总统。我的家庭是一个单亲家庭，但我的母亲变着法儿地给我信心，让我觉得我可以做任何我想做的事情。就这样，我一步一步从阿肯色州走到了耶鲁大学，最后走进了白宫。同样，你们每一个人都可以做到，前提是你们必须对自己充满信心！”

罗莎与其他同学对这样的答案非常满意，她大声地回应克林顿：“今天我遇见了克林顿总统，我认为这也影响了我的人生！”克林顿听完大笑：“我保证将来某一天，我们会选举出美国有史以来第一位西班牙裔的女总统。”

赶走你的自卑

作家巴尔扎克说："贫苦犹如熔炉，伟大才智都会在其中炼得纯净和永不腐蚀，正像钻石那样，能够经受千锤百炼而不会粉碎。"穷困的经历，是胜过任何经验的一种资本，也是人生的一大收获。一个男孩出生在贫穷的家庭并不可怕，只要你胸怀壮志，用自信赶走自卑，你就向实现理想迈出了一大步。

法拉第是为人类进入电气时代做出杰出贡献的物理学家。他出生在伦敦一个铁匠的家庭，小时候家里很穷，只靠父亲每日打铁挣来的一点钱维持着艰难的日子。

法拉第9岁时，由于繁重的劳动和生活的重压，父亲病倒了。家里唯一的生活来源也断绝了，日子更加艰难，法拉第和家人只好靠慈善机构的救济维持生活。但慈善机构的救济少得可怜，每人每星期只有一个面包。他的母亲把面包切成14块薄片，并嘱咐他每天上午吃一片，下午吃一片，不能多吃，否则就不能维持到下周领救济粮的日子了。小法拉第要用这一个面包来维持一个星期的生存，每天只有忍耐着饥饿的折磨！

法拉第从小就饱尝到生活的艰辛，他是在饥饿中长大的。在他的记忆中，小时候很少有吃饱肚子的时候。当时，还经常有一些孩子嘲笑他，说他是铁匠的儿子，上学也不会有什么出息，将来长大了，也只能像他父亲一样当下等人。

身处这样穷困的窘境，法拉第没有退缩，面对小伙伴歧视的目光，他咬牙忍耐着，坚持上学读书。渐渐地，他比其他同学多了一些坚强的意志和战胜困难的勇气。由于生活所迫，法拉第13岁时便离开学校做了一名报童，不管刮风下雨，他每天都要走街串巷地奔走着。

在工作之余，法拉第利用一切可以利用的时间来看书学习，这使得他的学业没有因为离校而中断。年龄稍大些后，法拉第又到装订厂做了一名装订工。这样，他便有机会接触到更多的可读书籍，他刻苦学习的精神也感动了周围很多人。

后来，法拉第听过英国皇家学会科学家汉弗莱·戴维讲的课，虽然他与对方不熟悉，但他没有自卑，他还是鼓起勇气给戴维教授写信，表示想在皇家研究院找个事做。戴维一时拿不定主意，就询问他的一位朋友该怎么办。他的朋友回答说："让这个年轻人去实验室刷瓶子，他要是想有出息，就会立即去干；他要是不会有出息，就会拒绝。"

法拉第没有拒绝这个"脏活"，他借用这个机会利用休息时间在药房的顶楼内做实验。经历了实验——失败——再实验——再失败的磨砺，法拉第后来成为了一位伟大的科学家。1831年法拉第发现了电磁感应现象，这是电磁学中最重大的发现之一。正是由于他发现了电磁感应现象，确定了电磁感应基本定律，今天才有了发电机、变压器、电网、电站，我们也才能享受到电带来的诸多好处。

别让浮躁毁了你

爱因斯坦说："每个人都有一定的理想，这种理想决定着他的努力和判断的方向。从这种意义上讲，我从来不把安逸和快乐看作生活目的本身。"一个男孩需要做有意义的事，才会实现自我价值，同时也会得到他人的尊重。

维克多·格林尼亚自幼生活在优裕的环境里，他的父亲是一家造船厂的厂长。父母的过分溺爱，使格林尼亚根本不把学业放在心上，他到处闲逛，拈花惹草，整天摆出一副"公子哥"的派头，邻居们都说他是一个"没出息的花花公子"。

格林尼亚年少时，不爱读书，成天无所事事，一味贪图吃喝玩乐，简直成了当地有名的"郎当公子"。1892年的一天，当地上流人士举办了一次盛大的舞会。来宾中有一位漂亮女士，格林尼亚首次见面就一见倾心，他傲然走上前向这位女士献殷勤，邀请她一起跳舞。出乎他的意料，这位女士婉言拒绝了他，还对他流露出不屑一顾的表情。格林尼亚第一次遇到这种情况，当时的窘境使他极难堪为。

随即，当打听到这位姑娘是刚从巴黎来的波多丽女伯爵时，格林尼亚便察觉到自己的冒失和唐突，于是，他马上走到波多丽的面前表示歉意。波多丽却冷冷地说："算了，请站远一点！我最讨厌被你这样的花花公子挡住视线！”

女伯爵的这句话，如同针扎一般刺痛了格林尼亚的心。他受此羞辱，悔恨交加，终于猛醒过来，决心抛弃恶习，奋发上进。他离开了家庭，下决心告别往昔玩世不恭的生活。从此他发愤学习，力争把过去浪费的光阴补回来。

此时，格林尼亚已经21岁了，他离开了父母。临行前，他只留下一个字条：“请您不要打探我的下落，容我有时间努力地学习，我相信自己将来会创造出一些成就来的！”

格林尼亚离家出走来到里昂，他本想入里昂大学就读，但是他从来就没有认真读过书，中小学的学业荒废得太多了，这样的基础如何考得上大学？格林尼亚只好一切从头开始，他戒掉了早先的轻浮习气，把心思都用在了学习上。

幸好有一个叫路易·波尔韦的教授很同情他的遭遇，愿意帮助他补习功课。经过老教授的精心辅导和他自己的刻苦努力，花了两年的时间，他才把耽误的功课补习完。这样，格林尼亚进入了里昂大学插班读书。他深知得到读书的机会来之不易，眼前只有一条路，那就是：努力、努力、再努力；发奋、发奋、再发奋。当时学校有机化学权威巴比尔看中了他的刻苦精神和才能，于是，格林尼亚在巴比尔教授的指导下学习和从事研究工作。

这时，格林尼亚的创造灵感就像泉水般地涌了出来，从1901年至1905年，格林尼亚发表的科学论文就有两百多篇。1901年，由于格林尼亚发现了格氏试剂而被授予博士学位。格林尼亚发现格氏试剂时，曾经把它取名格林尼亚-巴比尔试剂，用来表示他对导师的感激之情。但是，巴比尔坚持认为自己没有在发现过程中作出努力，要求把试剂名称改成格林尼亚试剂。巴比尔的公正与淡泊为人称颂，格林尼亚与巴比尔的师生深情也可见一斑。里昂大学鉴于他的特殊成就，破格授予他科学博士学位，并聘他为教授。1912年，瑞典皇家科学院决定给他颁发诺贝尔化学奖。

消息一传出，整个法国都轰动了。格林尼亚的故乡为他举行了庆祝大会，人们奔走相告：昔日的纨绔子弟，今日成为杰出的科学家，获得了诺贝尔化学奖！

就在这时，格林尼亚接到了一封贺信，信里只有寥寥一语："我永远敬爱你！"原来，这封贺信是波多丽女伯爵在病中写给他的。她并没有因为格林尼亚过去的浪荡生活而歧视他，当她得知格林尼亚已浪子回头、用功学习时，始终关心他所取得的每一个成就。

此后，格林尼亚也以波多丽女伯爵的忠告为动力，不断激励自己。到1935年逝世时，他一生中发表的科学论文已超过6000篇，达到了一般科学家难以逾越的高峰。

忍小愤成大谋

俗语讲得好："小不忍则乱大谋。"有时，一个男孩忍小愤亦可以成大谋。

清朝乾隆年间，号称"扬州八怪"之一的郑板桥正在外地做官。忽然有一天，收到在老家务农的弟弟郑墨一封来信。弟兄俩经常通信，然而这一次却非同寻常。原来弟弟想让哥哥出面，到当地县令那里说说情。这一下子弄得郑板桥很不自在。这郑墨粗识文墨，原也不是个好惹是生非之徒，只是这次明显受人欺侮，心里的怨恨实在难以下咽。原来，郑家与邻居的房屋共用一墙。郑家想翻修老屋，邻居出来干预，说那堵墙是他们祖上传下来的，不是郑家的，郑家无权拆掉，其实，这契约上写得明明白白，那堵墙是郑家的，邻居借去盖了房子，这官司打到县里，尚无结果，双方都难免求人说情。郑墨自然想到了做官的哥哥。想来有契约在，再加上哥哥出面说情，官官相护嘛，这官司就必赢无疑了。郑板桥考虑再三，给弟弟写了一封劝他息事宁人的信，同时寄去了一个条幅，上写“吃亏是福”四个大字。同时又给弟弟另附了一首打油诗：

千里告状只为墙，
让他一墙又何妨；
万里长城今犹在，
不见当年秦始皇。

郑墨接到信，羞愧难当，当即撤了诉状，向邻居表示不再相争。那邻居也被郑氏兄弟的一片至诚所感动，表示也不愿继续闹下去。于是两家重归于好，仍然共用一墙。这在当地一直传为佳话。

大凡平民百姓，最难吃亏的是财，最难忍受的是气。往往被气所激，被财所迷，便会做出不可收拾的局面来。一打官司，难免为了争个输赢而打点官府衙门，大多了丢了西瓜，捡了芝麻，为人耻笑，自己倾家荡产。这样的关口，两相争必相伤，两相和必各保，实在不值得争赢斗胜，种下深仇大恨。

郑板桥的意思无非是钱财乃身外之物，不值得相争。像长城那样宏伟的工程，秦始皇死后尚不能拥有，将国比家，道理还不是一样啊？人赤条条地来到世上，又赤条条的复归黄土，争来争去没啥意思，更何必惊动官府、伤害邻居？“让他一墙又何妨？”一件小事表现了郑板桥的宽宏大量。

骄傲的教训

如果男孩有了一点成功便觉得了不起，这是很不好的。但是假如在你为自己的成功自鸣得意时，有一个人来教训你一番，那么你就可以称之为幸运了。

富兰克林8岁入学，虽然成绩优异，但由于他家中孩子太多，父亲的收入无法负担他读书的费用。他10岁时就离开了学校，回家帮父亲做蜡烛。12岁时，富兰克林到哥哥詹姆士经营的小印刷厂当学徒。17那年，他不满哥哥的严格管理而私自出走，在费城当了一名印刷工。

在这里，富兰克林组织了一个读书交友会。当时工人做工都围着一个围裙，所以这个读书交友会就叫“皮围裙俱乐部”。业余时间，年轻人经常在这里交流各自的读书乐趣、理想和个人发展计划。加入的会员多是年轻的工友，大部分人都是很早出来做工，没有上过几年学，肚子里没有多少知识。

富兰克林在印刷厂做工期间也算掌握了一些知识。山中无老虎，猴子称大王。于是，富兰克林有点飘飘然，经常在会友面前夸夸其谈，显摆一番自己的学问，甚至有点瞧不起其他工友，其过分自负招致很多人对他看不顺眼。

有一天，一个会友把富兰克林叫在一旁，大声对他说：“富兰克林，像你这样是不行的！凡是别人与你的意见不同时，你总是表现出一副强硬而自以为是的样子。你这种态度令人觉得如此难堪，以致别人懒得再听你的意见了。你的朋友们觉得不同你在一处时，还感到自在些。你好像无所不知、无所不晓，别人对你无话可讲了。人人都懒得来和你谈话，因为他们费了许多气力，反而觉得不愉快。你以这种态度来和别人交往，不去虚心听取别人的见解，这样对你自己根本没有任何好处。你从别人那儿根本学不到一点东西，但是实际上你现在所知道的却很有限。”

富兰克林听了会友的斥责，觉得无话可说。他讪讪地站起来，一边拍着身上的灰尘，一边说：“我很惭愧。不过，我也很想有所长进。”

“那么，你现在要明白的第一件事就是，你已经太蠢了！现在还是太蠢了！”这个工友说完就生气地走开了。

工友一番劝告如同当头棒喝，让富兰克林受到了打击。他猛然醒悟，并下决心把一切骄傲都抛在地下。他与自己作了一次深刻“对话”，他提醒自己说：“要马上行动起来！”他要研究一个新题目，这个题目不是研究如何去制版印刷，而是要研究如何制造出一个“新人”来——这个“新人”就是富兰克林自己。

后来，富兰克林克服了骄傲、自负的毛病，经过奋斗成了著名的科学家、政治家和文学家。

富兰克林早年因为骄傲自负招致朋友的疏远，受到一番劝告。他猛然醒悟，克服了缺点，走上了成功的正轨。

巴尔扎克说过：“自满、自高自大和轻信，是人生的三大暗礁。”男孩，你希望像富兰克林那样成为一位杰出人物吗？那么，你从小就要培养谦逊的品质。当自己取得突出成绩时，要克服骄傲自满情绪，保持平常心，不要沾沾自喜，自以为是，这时，更需要虚心接受老师的教诲，善于倾听同学的意见，你走向成功的步伐就会迈得更大。

第七辑

男孩子就要有好习惯习惯

具有无与伦比的力量。培根说："习惯是一种顽强而巨大的力量，它可以主宰人生。"好习惯让男孩变得更有教养、更有知识、更有能力。好习惯实际上就是好方法——思想的方法、做事的方法。每个男孩都有各种各样的习惯，习惯也在每时每刻影响自己的生活。好习惯是成功的助推器，培养好的习惯，即是在寻找一种向目标靠近的好方法，而坏习惯则会阻碍你靠近目标。因此，我们一定要告别坏习惯，重新定位自己的成长路程。

专心致志地去做一件事

很多男孩之所以能够取得成功，就是因为他能专心致志地去做一件事，而且永远都不会放弃。所以，你若想在某个领域里出人头地，就要把自己的全部精力投入进去，而且要永不言败，成功自然会到来。

华语歌王周杰伦在3岁的时候，就表现出了出众的音乐天赋，他的妈妈拿出积蓄为他买了钢琴，然后用“棍棒教育”的方式，教周杰伦弹得一手好钢琴。这使他在台北读高中的时候，就成为学校的“知名人物”。

但是“知名”没有给他带来幸运，1996年6月，他高中毕业后就到一家餐馆当了服务生。服务生不好当，稍不留神就会遭到训斥。有一次，他托着菜盘边走边听歌，一不小心与一位女服务员撞个满怀。女服务员的手被烫出水泡，大哭不止。餐厅经理赶过来狠狠地教训了他一顿，又罚了他半个月的薪水。使他难受的是，买音乐资料的钱不够了。

周杰伦并没有因为“音乐无用”和地位卑微就停止对音乐的追求，他差不多把所有的工资都用来买音乐资料，几乎把所有的业余时间都用在音乐上，每天都孜孜不倦地学习。不久，餐厅配备了钢琴，但是换了几位钢琴师都不能令人满意。周杰伦瞅准一个没人的机会忍不住上去弹了一曲，不想马上就被老板知道了。他的弹奏非常适合老板的口味。于是，这个18

岁的男孩在人们惊异的目光中当上了钢琴师。机会终于眷顾他了。

这只是迈上了他的第一个台阶。1997年9月，他的表妹为他介绍了一个伴奏的机会，但是他却演砸了。他伴奏的音乐，让歌手唱起来非常难听，舞台下嘘声四起。周杰伦难受极了，可他并没有因此而灰心。

不久，正是这家他去伴奏的台湾阿尔发音乐公司请他去专职写歌。他很高兴，辞了职就去上任。没想到，公司安排他的职务却是“音乐制作助理”。这是一个除了写歌，什么杂事都得做的工作，包括给同事买盒饭。他想至少这里有音乐的环境，怎么也比在餐厅弹琴强。于是他勤快地干好所有的事。有一次，因为人数不断增加，他买盒饭从中午12点一直买到下午3点，连水都没顾得上喝，他却毫无怨言。

终于有一天，老板给他配备了办公室，让他专职写歌。他有了可以放飞梦想的平台，创作欲望喷薄而出。他创作了大量的歌曲。然而，当他把这些歌曲拿给老板的时候，每一次老板都失望地摇摇头。老板感到，他的音乐天赋很好，可乐曲总是怪怪的，不讨人喜欢。自己创作了这么多的歌，老板一首也没看中，周杰伦感到屈辱。他想放弃，他不愿意再忍受这种屈辱。可是，他也明白，如果放弃，就等于自己炒了自己的鱿鱼。

他最终选择不放弃。屈辱激发了一股劲头，他一连七天每天都创作一首歌。老板每天早晨8点上班时，准能见到他的作品。老板虽然觉得他的作品还不成熟，但是，老板感动了。

1998年，公司把他的歌曲《眼泪知道》推荐给刘德华，但是遭到拒绝。公司又把他专门为张惠妹精心创作的《双节棍》推荐给张惠妹，遭到了更加干脆的拒绝。

一次次的失败，周杰伦迷茫了，他开始怀疑自己。就在这关键的时候，老板对他说：“别忘了，你对音乐有独特的理解力。”在他迷茫的时候，这句肯定的话语，胜过千金奖赏。在他到这家公司两年多而毫无成绩的时候，1999年12月，老板把他叫到办公室，对他说："我给你10天时间，如果你能写出50首歌，我就从中挑出10首，为你出唱片专辑。"周杰伦简直不敢相信自己的耳朵。一个毫无成绩的人怎会享受如此待遇？当他证实这是"真的"时，热血上涌，激动得说不出口来。他涌出一股拼命的热情，买来一大箱方便面，钻进创作室，任由激情喷发，一首接一首地创作，直到疲惫不堪时，才打个盹儿，醒来继续创作。连轴转了10天，50首歌创作出来了。

老板佩服他的速度，也佩服他的毅力，兑现了诺言，经过大半年的制作，他的第一张专辑被制作出来了。刚一上市就一鸣惊人，被歌迷抢购一空，并得了三项大奖。

从此他的每张专辑都风靡歌坛一发而不可收。2002年初，在第八届全球华语音乐榜中榜评选中，他被评为"最受欢迎的男歌手"。

回首自己走过的路，周杰伦说："当幸运之神还未降临的时候，请不要着急，并耐心等待，并非你不是天才，而是时间还未到。我为这一天，努力了20年，而且这中间，我从来不曾放弃。"

周杰伦还说："明星梦并非遥不可及，任何人都可以做。我之所以能有今天，是我永不服输的结果。"

做一个勤于动手的人

男孩学习任何一门知识都是为了使用，只有在实践中才能真正地领悟其中的道理。所以，你应该做一个勤于动手的人，而不是只会纸上谈兵，让所学的知识与实践结合起来，这样才能学到更多的知识，才能使学到的东西真正有用。

明代的大医学家、药物学家李时珍，很小就爱上了医学和药学。他读了《本草经》等许多医药典籍。在阅读时，他总是那样刻苦认真。天刚蒙蒙亮就起床，夹着几本书，到房门外埋头苦读，白天帮着父亲给病人治病，晚上又苦读到深夜。

有一次，李时珍问他父亲："书上说，白花蛇肚皮下面有二十四块斜方形的花纹，是真的吗？"

他的父亲回答道："我们蕲州有的是白花蛇。你到凤凰山抓一条看看，不就知道了吗？"

他的父亲李月池是个具有丰富实践经验的医生。儿子的问话他本来张口就可以直接回答，但为了养成儿子躬身实践的习惯，他并没有直接告诉儿子。

李时珍觉得父亲的话很有道理。于是就一个人爬到凤凰山上，捉到了一条白花蛇，翻过来一看，蛇的肚皮下面果然有二十四块斜方形花纹。从这件事上，李时珍受到很大启发。后来在编写《本草纲目》时，他一方面继续“博览群书”，一方面“拜访四方”，不仅民间医生、药农是他拜访的对象，就连老农、渔夫、樵夫、猎人，都成了他的好老师。凡能亲自验证的，他总是自己采标本，反复研究，和书本上学到的知识一一验证，然后得出结论，写进他的书稿里。

为了获得真知，他还踏遍了湖广一带的原野山谷，还到过江西的庐山和江苏的茅山、牛首山，以及安徽、河南、河北等许多盛产药材的地方。经过实地的调查研究和从书本上看到的正确的结论，他记得更加牢固了；书本上论述不完整的地方，在他的新著中被论述得更加准确了；书本上错误的东西，在他的新著中都得到了纠正。

李时珍的《本草纲目》一书，为什么至今仍被我们视为最珍贵的医学遗产，并被翻译成为日文、英文、德文、法文、俄文等许多译本，受到世界医学界的重视？就是因为，李时珍不仅刻苦地阅读了八百多种医药书籍，有了极为渊博的药物知识基础，更可贵的是，在他的著述中，绝不人云亦云，而是努力深入实际，从而将获得的真知写了进去。

勤奋是你成功的阶梯

“书山有路勤为径。”这句话是老生常谈，却也是颠扑不破的真理。仔细地品味，好像世间也只有这条真理才能通向成功。所以，做一个勤奋的男孩吧！

波兰有名的作曲家、钢琴演奏家肖邦，年轻时有过这样一段学艺经历。

肖邦的指导教授是个极有名的钢琴大师。授课第一天，他给学生肖邦一份乐谱，“试试看吧！”他说。乐谱难度颇高，肖邦弹得生涩僵滞，错误百出。“还不熟，回去好好练习！”教授在下课时，如此叮嘱。

肖邦练了一个星期，第二周上课时正准备让教授验收，没想到教授又给了他一份难度更高的乐谱；“试试看吧！”上星期的课，教授提也没提。肖邦再次向更高难度的技巧挑战。

第三周，更难的乐谱又出现了。同样的情形持续着，肖邦每次在课堂上都被一份新的乐谱所困扰然后把它带回去练习，接着再回到课堂上，重新面临更高难度的乐谱，却怎么样都追不上进度。他一点也没有因为上周的练习而有驾轻就熟的感觉，肖邦感到越来越不安、沮丧和气馁。

教授走进练习室。肖邦再也忍不住了，他必须向钢琴大师提出这两个月来何以不断折磨自己的质疑。教授没开口，他抽出了最早的那份乐谱，交给肖邦，“弹奏吧！”他以坚定的目光望着肖邦。

不可思议的事情发生了，连肖邦自己都惊讶万分，他居然可以将这首曲子弹奏得如此美妙、如此精湛！教授又让肖邦试了第二堂课的乐谱，肖邦依然呈现出超高水准的表现。演奏结束后，肖邦怔怔地看着老师，说不出话来。

“如果我任由你表现最擅长的部分，可能你还在练习最早的那份乐谱，就不会有现在这样的程度……”教授缓缓地说。

不要把事情拖到将来

在每个男孩的生命长河里，唯有“现在”最宝贵。抓住了“现在”，亦即抓住了时间，成功就会向你招手。正所谓“万事待明日，万事成蹉跎。”

1918年，鲁迅先生第一次采用了“鲁迅”这个笔名，在《新青年》杂志上发表短篇小说《狂人日记》时，好友问及“鲁迅”这个名字有什么讲究，鲁迅回答说，用这个名字的原因之一，是取愚鲁而迅速之意。他认为自己比较笨拙，无论对学问或者干事情，效率赶不上天分较好的人。在这种情况下，只有更加勤勉，做事迅速，才能在一定时间内，收到和别人一样的效果。

凡事拖不得。鲁迅先生的写作经验就是“马上”去做。鲁迅在《马上日记》中写道：“……然而既然答应了，总得想点法。想来想去，觉得感想倒偶尔也有一点的，干时接着一懒，便搁下了，忘掉了。如果马上写出，恐怕倒也是杂感一类的东西，于是乎我就决计：一想到，就马上写下来，马上寄出去，算作我的划到簿。”他还在逝世的前一个月，写过一篇叫《死》的文章，说由于生命产生了“为先前所没有的”、对一切事情“要赶快做”的想法，“因为在不知不觉中，记得了自己的年龄”。鲁迅经验的可贵，就贵在“马上”和“要赶快做”上。

莫使岁月空留恋

这个世界缺少实干家，而从来不缺少空想家。那些爱空想的男孩，纵然有满腹经纶，也只是思想的巨人，行动的矮子。这样的男孩，自己一无所获，也不会为世界增加色彩、创造价值。男孩不应该让人生空留许多遗憾，甚至在垂暮之年的时候，还只是一个侃侃而谈的空想家，应当有当机立断的精神！不要等待，不要空想，才有成功的希望；不要等待，不要空想，才有无限的未来！

著名作家海明威在小的时候，常常面对天空发呆、空想，于是父亲给他讲了这样一个故事：有一个人向一位思想家请教：“你成为一位伟大的思想家，成功的关键是什么？”思想家告诉他：“多思多想！”

这人听了思想家的话，仿佛很有收获。回家后躺在床上，望着天花板，一动不动地开始“多思多想”。一个月后，这人的妻子跑来找思想家：“求您去看看我丈夫吧，他从您这儿回家后，就像中了邪一样。”

思想家跟着她到那人家中一看，只见那人已变得形销骨立。他挣扎着爬起来问思想家：“我每天除了吃饭，一直在思考，你看我离伟大的思想家还有多远？”

思想家问：“你整天只想不做，那你思考了什么呢？”

那人道：“想的东西太多，头脑都快装不下了。”

思想家说：“我看你除了脑袋上长满了头发，收获的全是垃圾。”

“垃圾？”那人十分不解。

“只想不做的人只能生产思想垃圾。”思想家答道。

在父亲的教导下，海明威后来终其一生也总是喜欢实干而不是空谈，并且在其不朽的作品中，塑造了无数推崇实干而不尚空谈的“硬汉”形象。作为一个成功的作家，海明威有着自己的行动哲学。“没有行动，我有时感觉十分痛苦，简直痛不欲生。”海明威说。正因为如此，读他的作品，人们发现其中的主人公们从来不说“我痛苦”、“我失望”之类的话，而只是说“喝酒去”、“钓鱼吧”。

海明威之所以能写出流传后世的名著，就在于他一生行万里路，足迹踏遍了亚、非、欧、美各洲。他的文章的大部分背景都是他曾经待过的地方。在他实实在在的行动下，他取得了巨大的成功。

成功是勤劳的奖赏

成功的纤绳掌握在你自己的手中。只有你珍惜时间，不断付出汗水和辛劳，最终才会开花结果，你将拥有成功而幸福的微笑。

著名企业家翁锦通先生应邀在中山大学为大学生作演讲，介绍他自己如何从杂役、学徒、管理员一直跻身实业界成为大企业家的坎坷经历。翁先生在演讲中告诉大学生们：我今天的成功全靠自己一生吃大苦、耐大劳闯出来的。

因此，翁先生自称“是从泥里站起来的孩子”，这位企业家的创业精神使台下大学生们感动得掉下了眼泪。

翁锦通先生认为，年轻人不要只羡慕他今天的财富和地位，更要明白一个人究竟应当靠什么，才能正正当当地获得成功。翁先生不仅自己这么去实践，而且还给儿孙定了一条家规，即“三勤四不懒”。“三勤”是指勤于守时、勤于守职、勤于创造；“四不懒”是指：脑、口、手、脚一概不能有丝毫懒惰。

“三勤四不懒”中最主要的一个思想，是“勤”字，要日日勤劳，永远勤劳。更为可贵的是，翁先生认为勤劳必须包括“勤于创造”，而且应该是脑、口、手、脚都得勤。可见，翁锦通先生的成功之路以及他的家规“三勤四不懒”，包含着一条真理——成功是勤劳的奖赏！成功之路是用汗水铺就的，超级成功更垂青那些勤奋者。

辉煌来自于耕耘

勤出成果、出智能。无数实践证明：唯有勤奋者才能得到成功。男孩，赶快做个勤快的男子汉吧！

1929年，是华罗庚生命中最值得纪念的时日。在这一年他得到了一份工作——在金坛县中学当会计兼做数学教员。这对初中毕业又无钱继续读书的华罗庚来说，实在是太难得了。不久，他又娶了一位秀丽端庄、勤劳贤惠的妻子吴筱元，全家人沉浸在欢乐之中。谁料想，几乎就在这同时，厄运也在悄悄向华罗庚逼近。

这一年，金坛县瘟疫流行。一天华罗庚下课回到家中，吃了两个汤圆，忽然觉得浑身发酸发冷，便支持不住，一头倒在床上。一测体温，竟然高达42℃。接着，华罗庚便昏迷不醒，并且说胡话，全家人顿时乱作一团。

医生看过华罗庚的情况后摇了摇头，让吴筱元准备后事。死亡的判决书没有动摇一家人挽救他的决心。金坛县的医生无能为力了，他们便当了所有值钱的东西从别的地方请名医。就这样请一个不行，再继续请另一个。

整整半年过去了。一天，华罗庚的左手小指头忽然肿起来了，然后又嚷左臂疼，接着是左边的半个身子、左腿疼得不能动弹。后来，疼痛倒是消失了，但疼痛部位的肌肉却都腐烂了。吴筱元便给他用药敷，慢慢地伤口愈合了。经过妻子日日夜夜的精心照料，华罗庚的病情渐渐地好起来了。不过，由于伤寒病菌侵袭了他的关节，左腿关节粘连变形，弯曲了。年纪轻轻的华罗庚，就这样成了瘸子……

他拄着妻子为他找来的一根拐杖，迈着按他自己说是“圆和切线的运动”的艰难步履，开始了他新的也是更漫长、更艰辛的人生之路。

病愈后的华罗庚，从妻子愁苦的面容、女儿饥饿的啼哭中，察觉出了家计的窘迫。于是，他抱着瘦骨嶙峋的身子，重新回到了学校。然而，屋漏偏逢连夜雨。不久竟有人向教育局告状，说校长任用没有学历的华罗庚做教员是个错误。校长为此愤然辞职离去，华罗庚的教员自然做不成了。好在新校长是位很通达的人，继续让他留在学校做会计。华罗庚一如既往，白天勤奋工作，晚上不顾残腿钻心的疼痛，在昏黄的灯光下遨游于数学的王国中，决心用“健全的头脑，代替不健全的双腿”。

功夫不负苦心人。1930年的一天，华罗庚收到上海寄来的刚刚出版的《科学》杂志第15卷第2期。他急忙用颤抖的双手翻开，《苏家驹之代数的五次方程式解法不能成立之理由》的大标题和“华罗庚”三个字赫然映进他的眼帘，顿时热泪盈眶。

这是他病前写的一篇论文，也正是他第一次发表的这篇论文，对他的命运产生了重要影响。不久，清华大学数学系主任熊庆来教授看到了这篇论文，如获至宝，立即四处询问作者的身世经历。

1932年秋天，华罗庚应邀来到清华大学数学系，当上了数学系的助理员。从此，华罗庚如鱼得水，更加勤奋。

后来华罗庚又经历了两次磨难，但他都凭着一股勤奋、努力、执著的精神，坚强地挺了过去。靠着勤奋，华罗庚从一个只有初中文化的青年成长成一代数学大师、教育家，所写名著《堆垒素数论》成为20世纪数学论著的经典。连爱因斯坦也写信说：“你此一发现，为今后数学界开了一个重要的源头。”华罗庚已经被芝加哥科学技术博物馆列为当今世界88个数学伟人之一。辉煌来自于耕耘。有一分劳动就有一分收获，日积月累，从少到多，奇迹就可以创造出来。华罗庚虽然只有初中的文化，最后却成长为第一流的数学家，可以想象得到，在这辉煌的光圈背后，华罗庚付出了多少辛苦。

养成善于观察的习惯

重大科学发明或科学定律就隐藏在你的身边。只要你善于观察，不断地提出问题，不断地进行科学求证，总有一天，它会把你引到通往科学家的道路上。

古希腊叙古拉国王让金匠做了一顶纯金皇冠，他怀疑金匠在皇冠中掺了假。可是，做好的皇冠无论从外形、重量上都看不出有什么破绽。国王把这个难题交给了智者阿基米德，让他来检验金冠到底是不是纯金做的。

对于国王交办的差事，阿基米德一时束手无策，甚至不知道从哪里下手。他日思夜想，却难以找出破解这个难题的办法。一天，他去澡堂洗澡，当他慢慢坐进澡堂盆时，水从盆边溢了出来。他望着溢出来的水，突然大叫一声："我知道了！"然后竟一丝不挂地跑回家中，原来他想出办法了。

阿基米德把皇冠放进一个装满水的缸中，一些水溢了出来。他取了皇冠，把水装满，再将一块同皇冠一样重的金子放进水里，又有一些水溢出来。他把两次的水加以比较，发现第一次溢出的水比第二次多。

于是，阿基米德断定，金冠中掺了银。经过试验，他还算出了银子的重量。当他宣布他的发现时，金匠们个个都目瞪口呆。

这次试验的意义远远大过查出金匠欺骗国王的事件本身。阿基米德从中发现一个原理：即物体在液体中减轻的重量，等于其所排出液体的重量。

后人把这个原理以阿基米德的名字命名。一直到现代，人们还在利用这个原理测定船舶的载重量。

阿基米德洗澡中的偶尔发现，改写了人类科学发展的历史。

抓住规律，才能“熟能生巧”

男孩要认识客观规律，必须有一个实践过程。如果不动手解牛，就永远也达不到庖丁解牛那样的艺术高度。客观规律之于主观实践，其实是一个相辅相成的客观存在。

庖丁是我国历史上一位著名的厨师。有一天。庖丁被请到文惠君的府上，为其宰杀一头肉牛。只见他用手按着牛，用肩靠着牛，用脚踩着牛，用膝盖抵着牛，动作极其熟练自如。他在将屠刀刺入牛身时，那种皮肉与筋骨剥离的声音，与庖丁运刀时的动作互相配合，显得是那样的和谐一致，美妙动人。他那宰牛时的动作就像踏着商汤时代的乐曲《桑林》起舞一般，而解牛时所发出的声响也与尧乐《经首》十分合拍。站在一旁的文惠君看呆了，他禁不住高声赞叹道：“啊呀，真了不起！你宰牛的技术怎么会这么高超呢？”庖丁见问，赶紧放下屠刀，说：“我做事比较喜欢探究事物的规律，因为这比一般的技术技巧要更高一筹。我在刚开始学宰牛时，因为不了解牛的身体构造，眼前所见无非就是一头庞大的牛。等到我有了3年的宰牛经历以后，我对牛的构造就完全了解了。我再看牛时，出现在眼前的就不再是一头整牛，而是许多可以拆卸下来的零散部件了！现在我宰牛多了以后，就只需用心灵去感触牛，而不必用眼睛去看它。我知道牛的什么地方可以下刀，什么地方不能。我可以娴熟自如地按照牛的天然构造，将刀直接刺入其筋骨相连的空隙之处，利用这些空隙便不会使屠刀受到丝毫损伤。我既然连骨肉相连的部件都不会去硬碰，更何况大的盘结骨呢？一个技术高明的厨师因为是用刀割肉，一般需要一年换一把刀；而更多的厨工则是用刀去砍骨头，所以他们一个月就要换一把刀。而我的这把刀已经用了19年了，宰杀过的牛不下千头，可是刀口还像刚在磨刀石上磨过一样的锋利。这是为什么呢？因为牛的骨节处有空隙，而刀口又很薄，我用极薄的刀锋插入牛骨的间隙，自然显得宽绰而游刃有余了。所以，我这把用了19年的刀还像刚磨过的新刀一样。尽管如此，每当我遇到筋骨交错的地方，也常常感到难以下手，这时就要特别警惕，瞪大眼睛，动作放慢，用力要轻，等到找到了关键部位，一刀下去就能将牛剖开，使其像泥土一样摊在地上。宰牛完毕，我提着刀站立起来，环顾四周，不免感到志得意满，浑身畅快。然后我就将刀擦拭干净，置于刀鞘之中，以备下次再用。”

文惠君听了庖丁的这一席话，连连点头，似有所悟地说：“好啊，我听了您的这番金玉良言，还学到了不少修身养性的道理呢！”

具备时间管理能力

“莫等闲，白了少年头，空悲切。”作为一个铁骨铮铮的男子汉，应该牢记：“明日何其多”的古语。莫让时间付诸东流，而应让生命的每分每秒都发挥最大的效益！时代在进步，知识在发展。男孩作为社会财富的重要创造者，若不懂得刻苦求知、更新自己的知识结构，就会被时代所淘汰。

男孩智慧的多寡与能力的大小，决定着一个男孩的修养与品位。要成为一个博学者，珍惜时间，看书学习，是重要的途径之一，因为无论是谁，都不是生而知之者，而是学而知之者。

时间，对于每一个人来说，都是一样的。然而，善于珍惜时间的人，却总是能挤出更多的时间。

三国时期，魏国的大司马董遇，一身的才学得益于他自己对于“三余”时间的充分把握和利用！在他看来，冬者岁之余也，夜者日之余也，阴雨者时之余也。直白点说，董遇看书求知的时间，主要在晚上、雨天乃至大雪封门的冬天。宋代的大文学家欧阳修，有人问他的学问从何而来，他说自“三上”，这三上便是枕上、马上、厕上。

现代社会需要的博知广识，绝非曾经的那种之乎者也之精与历史知识之熟所能涵盖！新事物层出不穷，知识也在不断地变化、更新、发展，若不注重看书求知，很快就会落伍，博知广识又从何谈起呢！

尽管社会在飞速发展，生活节奏在加快，然而却有很多人一边在感叹没有时间看书学习，一边却把大段大段的时间，浪费在麻将桌上，与狐朋狗友搓着输赢后的苦乐；或把大段大段的时间，浪费在电视机前，看三角恋、婚外恋或是腐败加暴力。时光就这样在玩乐中逝去了。

“洗手的时候，日子从水盆里过去；吃饭的时候，日子从饭碗里过去；默默时，便从凝然的双眼前过去。我觉察它去得匆匆了，伸出手遮挽时，它又从遮挽着的手边过去……”这是朱自清先生在他的散文《匆匆》中之于时光易逝的描述，虽很通俗，却在通俗中显现出精妙。

日月如梭，不错！

人生如朝露，不错！

人之百年，犹如一瞬，仍然不错！

然而，有些人似乎或假装意识不到时光的匆匆流逝，他们心中甚至没有管理时间的意识，他们总是想利用空闲时间去玩乐、去享受，他们安于现状，是典型的偷安者。有了偷安的思想，表现在求知上，则呈厌倦之态；表现在工作上，则呈懒散之态；表现在作风上，则呈疲沓之态！

宋代的朱敦儒，年轻的时候，总觉得来日方长，于是便偷安眼前的时光！当他到了满头白发的年纪，企望追回逝去的岁月已成梦想时，叹曰：“原是西江散汉，江南今朝衰翁……屈指八旬将到，回头万事皆空。云间鸿雁草虫，共我一般做梦。”

可见，不善于管理时间，无端地浪费时间，是人们成功的最大障碍。

勤者，是战胜偷安的克星；意志，是克服偷安的动力；目标，是洞穿偷安的炮弹。

好学者用时以求知，偷安者用时以求乐，求知者终自明，求乐者终自昏。

每个人一生的时间都是有限的！在这有限的时间里，怎样去珍惜时间，利用好每一分每一秒，不断地充实与更新自身的知识结构让自己成为一个博知广识之人，成为一个永远走在时代前沿的人，乃至成为一个知识的弄潮儿，当须用心去体会，去玩味。

成由勤俭败由奢

古人云："天下之事，常成于勤俭而败于奢靡。"俭朴是一种品德。"静以养身，俭以养德"。真正能守成大业的男孩都具有俭朴的品德。奢靡会破坏人们的心灵纯质，使人丧失进取的意志和精神。

在缔造和建设新中国的伟大历史进程中，周恩来立下了不可磨灭的丰功伟绩。建国后，他身为一国总理，严于律己，清正廉洁，不求索取，但求奉献，衣食住行方面素来俭朴，受到了长期在他身边工作人员的交口称赞，更是赢得了人民衷心的爱戴和钦佩。

在人们的印象中，周总理总是风度翩翩，衣冠楚楚。殊不知，他仅有的几套衣服，大都穿了几十年，有的破损了，他就让人细心织补后继续再穿。

有一次，他穿织补过的衣服接待外宾，身边工作人员说这套"礼服"早该换啦。他笑着说："穿补丁衣服照样可以接待外宾。织补的那块有点痕迹也不要紧，别人看到也没关系。丢掉艰苦奋斗的传统才难看呢！"他的衬衣磨破了，换上新的领口和袖口照旧穿。

1963年，周总理出访亚非欧14国，到了埃及首都开罗，他换下缝补多次的衬衣，随行工作人员不便拿给外国宾馆去洗，只好请我国驻埃及使馆的同志帮忙，并叮嘱洗时不要用力，以免搓破。大使夫人看到后，感动得边洗边流泪。

周恩来贵为一国总理，家常饭菜却很简单，主食经常吃些粗粮，副食一般是一荤一素一汤。他规定的工作标准餐是四菜一汤的家常饭菜。他说："四菜一汤既经济又实惠。"他在外地视察或主持会议，同大家吃一样的饭菜，从来不搞特殊，离开时一定付清钱和粮票。

周总理不仅自己这样做，还要求其他领导干部也这样做。有一次，周总理出差到上海，听说有的领导同志带着夫人、孩子到地方去，所有的食宿费用都由地方开支，非常生气。回北京后，他在全国第二次接待工作会议上向各省市代表提出："今后无论哪个领导到省里去，吃住行等所有开支，地方一概不要负担，都要给客人出具账单，由本人自付。这要形成一种制度。"

还有一次，周总理吃饭掉了一颗饭粒在桌上，他连夹两次才夹住放进嘴里，笑着吃了。看到这种情景的一位机长感慨地说："我心里不禁百感交集。什么叫廉洁，看看总理就知道了。"

建国初期，周总理搬进了中南海西花厅，一住就是26年，直到他去世。西花厅是清朝乾隆年间修建的老式平房，潮湿阴冷。身边工作人员多次提出修缮，但周总理坚决不同意。

1959年底，工作人员趁他和夫人邓颖超出差外地，对西花厅进行了保护性维修。周总理回京一进门就惊讶地问："这是怎么回事？谁叫你们修的？"他还说："我身为总理，带一个好头，影响一大片；带一个坏头，也影响一大片。所以，我必须严格要求自己。"随即，工作人员按照周总理的要求，撤掉了新添置的地毯、沙发、窗帘、吊灯等陈设。事后，周总理主动在国务院会议上作了三次检讨，向到会的副总理和部长们说："你们千万不要重复我的这个错误。"

周总理对自己乘坐的轿车没有什么特殊要求，他经常乘坐的专车是国产红旗轿车。他说："别人不坐我坐，我喜欢国产车。"后来，国家进口了一批高级奔驰车，有关部门想给他换一辆。周总理不同意，且严肃地说："那个奔驰车谁喜欢坐谁坐去，我不喜欢，我就坐'红旗'。"在用车问题上，周总理公私分明，毫不含糊。他去理发，医院看病，探亲访友，看戏等，都算作私人用车，总要叮嘱身边工作人员照章付费，从工资中扣交。

随着物质条件的不断改善，人们的生活越来越好，一些男孩在生活中不注意节俭，随意丢弃食物，甚至盲目攀比，追求奢华的生活，这些都是不好的习惯。"锄禾日当午，汗滴禾下土，谁知盘中餐，粒粒皆辛苦。"这首诗是对劳动成果来之不易的真实写照。我们所吃、所穿、所用都是来之不易的，是人们用汗水和劳动创造出来的，随意浪费是不珍惜劳动果实、不尊重劳动的表现。

你应该意识到，我们的衣食都是由劳动创造的，劳动是艰辛的，需要付出时间和汗水。所以，你应该学会珍惜，从身边的小事做起，节约每一分钱、每一滴水，不浪费一粒粮食。同时，你应该明白花钱必须有经济来源，懂得量入为出。每个家庭的经济情况不尽相同，花钱不要超越家庭的支付能力，即使家里再有钱，也不要铺张浪费，一味追求奢华，要学会理财，养成节俭的习惯。

处处留心皆学问

处处留心皆学问。瓦特成功发明蒸汽机的秘诀是：细心观察、善于思考、大胆实验、不断创新。同样，一个男孩如果具备了这些素质，无论学习哪门科学都一定能有所作为。

蒸汽机发明者詹姆斯·瓦特出身于贫寒家庭。他的父亲是一个穷苦的木匠，母亲负担家务。童年的瓦特体弱多病，无法接受学校的正规教育。街上的孩子们见他不上学，常常叫他“懒孩子”和“病包子”。其实，小瓦特自尊心很强。他也渴望读书，父母拗不过他，只好答应抽空教他读书、写字和算术。

童年的瓦特学的知识虽不多，但他却记得很牢固。他六七岁时，一位客人来看望他父亲。客人看见瓦特正拿着一支粉笔在地板上、火炉上画些圆圈和直线，便关切地对他父亲说：“你为什么不送孩子进学校学些有用的功课呢？在家里乱画，岂不白白浪费时光吗？”

瓦特的父亲笑着回答说：“先生，您仔细看看，我的孩子在画什么？”

客人好奇地走过去看了一会儿，恍然大悟：“啊，原来是这样。这孩子画的是圆形和方形的平面图哇！这不是浪费，是在演算一个几何学上的问题。”客人说完后赞许地拍了拍小瓦特的肩膀。

瓦特8岁时，到外婆家做客，外婆让小瓦特去厨房烧水。一会儿，水烧开了，壶盖便不断地一开一合，啪啪地响。瓦特好奇地看着，他觉得那壶里好像有个白胡子老头儿，在乱跳乱叫。这是怎么回事呢？瓦特目不转睛地盯着上下不停跳动的壶盖，想弄清其中缘故，不知不觉竟在炉子旁边待了一个多小时。

这时外婆进来了，发现小瓦特盯着“哗哗”作响的水壶发呆，忙问：“孩子，你在做什么呢？”

“外婆，这壶盖为什么会动呀？”瓦特回答着，但头也没抬一下，仍然看着那跳动的壶盖。

“傻孩子，那不是因为水开了么！”

“水开了，为什么壶盖就动呢？”瓦特继续追问。

外婆笑了笑说：“水开了，壶里就有水蒸气了，是水蒸气掀动了壶盖动呀！”

“噢！原来那‘白胡子老头’是水蒸气呀。那么，水蒸气又是怎么来的呢？”

“是水烧开后变成的。”外婆一边忙着拿走水壶一边回答着。

“那么，我坐在壶盖上水蒸气能掀到我吗？”瓦特还是穷追不舍地问。

外婆终于不知道该怎么回答瓦特的问题了，摇摇头，笑着走了。可瓦特却没放弃这个问题，他一直在想，要是把壶里的水增加几千倍甚至几万倍，其力量就一定会变得很大了，那又会怎么样呢？是不是能掀动很重的东西呢？

瓦特就是这样善于发现问题、思考问题。他的这个想法，促使他长大以后在这一方面不断探索。20岁那年，瓦特成为格拉斯哥大学里的仪器修理工，一有机会他便去阅读科学书籍，然而正是这些书籍为他打开了科学知识宝库的大门。

1764年，格拉斯哥大学里的一座纽科门大气式蒸汽机模型坏了，让瓦特修复。修理完毕，瓦特在汽锅里放了水，机器便发动起来。可是，几分钟后便停了。什么缘故呢？他头脑中闪出了一个问号。

经过仔细琢磨，瓦特发现这种机器有严重的缺陷，那就是气筒裸露在外边，四周的冷空气使它温度逐渐下降，蒸气放进去还没等到气筒热透，就有一部分变成水了。要使气筒再变热，又要消耗很多蒸气，这样一冷一热，又一热一冷反复循环，只能有1/4的蒸气做功，其余的都被浪费掉了。

瓦特想，解决问题的途径，必须从保持气筒的温度开始考虑。可是怎么保持气筒的温度呢？他查阅过书籍，咨询过教授，也没有找到更好的办法。过了很长时间，这个问题一直困扰着他。

有一天，瓦特在格拉斯哥大学草坪上散步时，忽地想到在气筒的外边安装上一个“分离凝结器”，蒸气就可以在“凝结器”内化成水，气筒便不会冷却而浪费热量了。瓦特豁然开朗，立即回到了修理房间，他废寝忘食地研究，夜以继日地实验，排除了重重困难，终于制成了“分离凝结器”。

1765年，瓦特发明了设有与汽缸壁分开的凝汽器的蒸汽机，并于1769年取得了英国的专利。1769年，瓦特把纽科门大气式蒸汽机改成发动力较大的单动式蒸汽机。1781年，他将单动式蒸汽机改为复动式蒸汽机。1782年，他又把单动式改为旋转运动。这样，完善的蒸汽机发明终于成功了。

蒸汽机的发明，促成了世界上第一艘以蒸汽机为动力的轮船的诞生，促成了世界上第一台实用蒸汽机车的问世，也促成了许多以蒸汽机为动力的机械装置的发明成功，使世界工业生产进入了“蒸气时代”，人类社会因此产生了划时代的变革。

习惯是沙

习惯是沙，成功是塔。如果你希望出类拔萃，那么你就要拒绝不良诱惑，养成有利于成功的习惯。

医学科学研究发现，吸烟产生的尼古丁是肺癌的主要成因，是人类健康的慢性杀手。这一观念如今已经被大多数人接受了，全球的反烟运动如火如荼。许多国家和地区的法律明确规定：禁止未成年人吸烟。然而，在几十年前，当时许多人对吸烟的危害还没有清醒的认识，有些青少年出于好奇和盲目追求时髦，不知不觉地染上了吸烟的嗜好。

当时，巴西有个名叫迪科的少年，也染上了吸烟的毛病。有一次，迪科与小伙伴们偷偷地在一起吸烟，却被他父亲发现了。他心里很害怕，心想这下可完了。他刚一踏入家门就看见父亲威严地坐着在那儿，他预感到事情的严重性了。

“你抽了几次了？”父亲用平和而严肃的话语问他。

“没抽几次……”迪科小声回答。

父亲又说：“我从来都没有抽过，你能告诉我那是什么滋味吗？你说过，你将来要做一名足球运动员，优秀的球员可要有良好的身体素质，你的理想还算数吗？”

“算数。”迪科小声说着。他低着头，羞愧极了。

“那你从现在开始就要克服身上的坏毛病！否则，你的理想就是一句空话。”父亲严肃起来。

迪科神情坚定地说：“为了能够实现自己的理想，我保证今后再也不碰香烟了！”

改掉吸烟习惯十几年之后，当年的少年迪科成为了闻名世界的足球明星，他就是球王贝利。

成功者并不见得比其他人聪明，是良好的习惯让他们变得更有教养、更有知识、更有能力。球王贝利少年时改掉抽烟的陋习，最终成为球王。男孩，你也想成功吗？要想成功首先就必须改变不好的习惯，培养新习惯，磨炼出能够控制自我的意志，就等于将自己的未来掌握在自己的手中。那么，怎样才能养成好习惯呢？要诀是先制订一个可行的计划，再持之以恒地做下去。当一个可行的计划，被坚持不懈的毅力变成习惯之后，成功就离你不远了。

勤于思考让你更聪明

思考是勘探的重锤，是叩击知识宝库的大门；思考是导航的路标，指引着人们驶向成功的彼岸；思考是创新的门窗，没有它，成功的阳光就射不进来。对于一个男孩来讲，没有什么比思考时更有魅力，没有什么比思考的收益更大了。一个经常处在燃烧中的大脑，比思想冷却更有能量。善于思考的大脑，就像一个熔炉，溶入粒粒辛苦，炼出颗颗黄金。

佛瑞迪当时只有16岁，在暑假将近的时候，他对爸爸说："爸爸，我不要整个夏天都向您伸手要钱，我要找个工作。"

父亲从震惊中恢复过来之后，对佛瑞迪说："好啊，佛瑞迪，我会想办法给你找个工作，但是恐怕不容易，现在正是人浮于事的时候。"

"您没有弄清我的意思，我并不是要您给我找个工作，我要自己来找。还有，请不要那么消极。虽然现在人浮于事，我还是可以找个工作。有些人总是可以找到工作的。"

"哪些人？"父亲带着怀疑问。

"那些会动脑筋的人。"儿子回答说。佛瑞迪在"事求人"广告栏上仔细寻找，找到了一个很适合他专长的工作，广告上说找工作的人要在第二天早上8点钟到达42街的一个地方。佛瑞迪并没有等到8点钟，而是在7点45分钟就到了那儿。可他看到已有20个男孩排在那里，他只是队伍中的第

21名。

怎样才能引起特别注意而使应聘成功呢？据佛瑞迪说，他只做了一件事——动脑筋思考，并想出了一个办法。他拿出一张纸，在上面写了一些东西，然后折得整整齐齐，走向秘书小姐，恭敬地对她说："小姐，请你马上把这张纸条转交给你的老板，这非常重要。"

"好啊！"秘书说，"让我来看看这张纸条。"她看了不禁微笑起来。她立刻站起来，走进老板的办公室，把纸条放在老板的桌上。老板看了也大声笑了起来，因为纸条上写着："先生，我排在队伍的第21位，在你没有看到我之前，请不要做决定。"

他是不是得到了工作？当然了。一个会思考的男孩总能把握时机，使自己处于不败之地。处于第21的位置，是没有什么优势可言的，但是思考的结果却使他战胜了占据有利地位的对手。

生活中很多男孩到了十六七岁的时候，也许还不曾独立自主地思考过。有的人也会思考，但是所想的也许都是一些鸡毛蒜皮的事。有的人只是一个劲儿囫囵吞枣地吸收着书本上的内容，也不斟酌是否正确，就一味地接受。他们觉得与其费尽心思去追寻某些东西，倒不如顺其自然来得省事，这就是很多男孩懒得思考的原因。

其实，一个男孩一旦学会思考，并开始不断尝试时，对事物的看法就会有惊人的改变。

对于头脑里冒出来的想法，首先要重新评估一下，它是否真的是自己的意见。虽然需要花费较长的时间，但养成用自己的头脑仔细思考事情的习惯是值得的。首先，你要把现在的想法一一加以检讨，想想看，是自己真的那么想，还是照别人告诉你的去想的？会不会是偏见或错误的信念？就从这些问题开始思考吧。如果没有偏见，就请你用自己的头脑，听听他人的意见，想想看是对是错，或者有哪个地方不对，然后再综合各种意见，归纳出自己的看法。

任何有意义的构想和计划都来自于思考，而且思考得越痛苦，收益就越大。一个不善于思考难题的男孩，就像水中漂浮的叶子，终日只能浮于水面，无法掌控自己的人生。

好习惯是开启成功的钥匙

曾经有一位哲人这样说过："播种行为，收获习惯；播种习惯，收获性格；播种性格，收获命运。"因此，我们说，好的习惯，是开启成功的钥匙。的确，习惯是一个男孩独立于社会的基础，又在很大程度上决定着男孩的生活效率和生活质量，并进而影响着他一生的目标。

《最伟大的力量》一书的作者J.马丁·科尔曾引用过这样一个故事：

亚历山大图书馆被烧之后，只有一本书被保存了下来，但那并不是一本十分有价值的书。于是，一个仅认识几个字的人只用了少许的铜板就将它买下来了。这本书并不怎么有趣，但书中却有一个非常有趣的东西——其中有一条窄窄的羊皮纸，上面写着"点金石的秘密"。

点金石是一块小小的石头，它能将任何一种普通的金属变成金子。羊皮纸上是这样解释的：点金石就在黑暗的海滩上，它与成千上万的和它看起来并无差别的石头混在一起。但有一个秘密，那就是点金石用手摸起来有点温暖，而普通石头摸上去却是冰冷的。

看完这个秘密之后，这个人便变卖了自己的家产，买了一些简单的装备，来到海边安营扎寨，开始寻找点金石。他计划，只要一块一块的石头找，总会找到点金石的。

他知道，如果他捡起一块普通的石头，并且因为它摸上去冰凉而将其放在地上的话，他有可能几百次地捡起同一块石头。所以，当他摸到冰凉的石头时，就将它扔进大海里。他这样干了一整天，却没有捡到一块是点金石的石头。然后，他又这样干了一个星期、一个月、一年、两年……但他仍然没有找到点金石。

很多年以后的一天上午，他捡起一块石头，随手就把它扔进了海里。可是，就在石头脱手的一瞬间，他突然意识到这块石头是温暖的！可当他反应过来时，已经来不及了，“扑通”一声，那块点金石连同这个人的希望、幸福，一起落入了茫茫的大海。

这个可怜的人已经形成了一种习惯，那就是把他所捡到的石头都扔进大海里。他已经如此习惯于做扔石头的动作，以至当他真正想要的那块石头到来时，他习惯性地就将其扔进了海里。

由此看来，习惯有时会成为成功的障碍，让你扔掉握在手里的机会。

所以，注重养成良好的习惯，是一个男孩开启成功的钥匙。

好的习惯，看上去微不足道，实际上却非常重要。一些好习惯，也许有的男孩不以为然，但是，要是没有这些好习惯，目标只能是海市蜃楼，只可远观，而永远也无法靠近。

习惯决定男孩的命运——无论是心理学家，还是成功人士，不论是研究所得，还是经验之谈，殊途同归，都得出了这个相同的结论。决定男孩人生成败的关键因素就是是否具有良好的习惯。习惯是由男孩自身的行为决定的，它决定男孩的性格，极大地影响男孩的行动。

做事前用深思熟虑代替一时的冲动

或许你无端地受到指责和误解；也许你一招不慎，在成长路程中迷失了方向，也许……你的心正经受着不良情绪的煎熬。但是，千万要记住认真对待，学会控制。每个男孩都有冲动的时候，尽管它是一种很难控制的情绪。但不管怎样，你一定要牢牢控制住它。否则一点细小的疏忽，就可能贻害无穷。

一头驴子和一头野牛很要好。它们经常在一起玩耍、吃草。一天，它们发现一个农夫的果园里有绿油油的青草，还有成熟的果子。于是它们偷偷地进入果园，在里面悠闲地吃着青草和树上的果子。农夫一点儿也没有察觉。驴子吃饱后，很想引吭高歌一曲，野牛就对驴子说："亲爱的朋友，看在上帝的分上，你就忍耐一下，等我们出了果园，你再唱歌吧！"

驴子说："我现在真的很想唱歌，作为朋友，你应当支持我才行！"

"可是，可是，要是你一唱歌，那个农夫就会发觉，我们就跑不掉了！"

驴子觉得野牛根本不能理解自己现在的心情，它说："天下再也没有什么比音乐和歌曲更优雅、更能感动人的了。可惜你对音乐一窍不通，我怎么找了你做朋友呀？！"

驴子最终还是没有接受野牛的建议，开始高歌起来。它一唱歌，农夫马上发现了驴子和野牛，于是把它们全都逮住了。

驴子的冲动，既害了朋友，又害了自己。驴子想唱首歌表达自己兴奋的心情，这也是可以理解的。但是，为了一时的宣泄而不顾情境是否危急，一时兴起就放纵自己，以致酿成了悲剧。

情绪已经不仅仅是一种感情的表达，更是一种重要的必备智慧。如果控制不住自己的情绪，随心所欲，就可能带来你意想不到的后果。情绪控制得好，则可以帮你化险为夷。

石达开是太平天国首批“封王”中最年轻的军事将领。在太平天国金田起义之后向金陵进军的途中，石达开均为开路先锋，他逢山开路，遇水搭桥，攻城夺镇，所向披靡，号称“石敢当”。太平天国建都天京后，他同杨秀清、韦昌辉等同为洪秀全的重要辅臣。后来又在西征战场上大败湘军，迫使曾国藩又气又羞又急，欲投水寻死。在“天京事变”中，他又支持洪秀全平定韦昌辉的叛乱，成为洪秀全的首辅大臣。但是，就在这之后不久，石达开却独自率领20万大军出走天京，与洪秀全分手，最后在大渡河全军覆灭，他本人亦惨遭清军骆秉章凌迟。石达开出走和失败的历史是鲁莽行动的体现，足以使后人深思。

后来，石达开率部由天京雨花台向安庆进军，出走的原因据石达开的布告中说，因“圣君”不明，即责怪洪秀全用频繁的诏旨来牵制他的行动，并对他“心生疑虑”，以致发展到有加害石达开之意，这就使二人之间的矛盾白热化起来。

而当时要解决这一日益尖锐的矛盾有三种办法可行：第一种办法是石达开委曲求全，这在当时已不可能，心胸狭窄的洪秀全已不能宽容石达开；第二种是急流勇退，解印弃官来消除洪秀全对他的猜疑，这也很难，当时形势已近水火，若石达开解职的话恐怕连性命都难保；第三种办法是诛洪自代。谋士张遂谋曾经提醒石达开吸取刘邦诛韩信的教训，面对险境，应该推翻洪秀全的统治，自立为王。

按当时的实际情况看，第三种办法应该是较好的出路，因为形势的发展实际上已摒弃了像洪秀全那样相形见绌的领袖，需要一个像石达开那样的新的领袖来维系。但是，石达开的弱点就是中国传统的“忠君思想”，他讲仁慈、信义，他对谋士的回答是“予唯知效忠天王，守其臣节”。

因此，石达开认为率部出走是其最佳方案。这样既可继续打着太平天国的旗号，进行推翻清朝的活动，又可以避开和洪秀全的矛盾。而石达开率大军到安庆后，如果按照他原来“分而不裂”的初衷，本可以此作为根据地，向周围扩充。安庆离天京不远，还可以互相支援，减轻清军对天京的压力，还不失去石达开原在天京军民心目中的地位。这是石达开完全可以做到的。但是，石达开却没有这样做，而是决心和洪秀全分道扬镳，彻底分裂，舍近而求远，去四川自立门户。

历史证明这一决策完全错了，石达开虽拥有20万大军，奋勇决战于江西、浙江、福建等12个省，震撼了半个中国，历时7年，但最后仍免不了一败涂地。

石达开的失败，主要是由于个人决策的错误，他的一时冲动使他做出了自不量力的行为。

当我们在做决定时，常会犯一个老毛病，就是凭冲动行事，既不分清情况又不会正确衡量自己的能力，因此往往会做一些让自己赔了夫人又折兵的后悔事。所以，在做决定时，首先应先问问自己做这个决定到底是为什么，有什么目的，做此决定会产生何种后果，这样能促使你三思而后行，避免冲动。

男孩无论做什么事都要三思而后行，如果单凭自己的一时意气用事，势必造成不堪设想的后果。当你觉得自己的判断并不十分准确或没有得到事实证明时，宁可耐着性子稍待些时日，多多考虑斟酌一番，也不要草率行事。

我们不是神，对一些事情考虑不周是正常的，在做决定时我们也要经常提醒自己。因为思虑不周，所以更不能冲动，一定要控制好自己的感情，面对问题时尽量保持冷静。

做事情要分清轻重缓急

当代管理学之父彼得·德鲁克说过："必须分清轻重缓急。最糟糕的是什么事都做，但都只做一点。这必将一事无成。不是'最佳选择'总比'没有选择'要好。"

在一次上时间管理的课上，教授先在桌子上放了一个装水的罐子，然后又从桌子下面拿出一些正好可以从罐口放进罐子里的"鹅卵石"。教授把石块放满罐子后问他的学生："你们说这罐子是不是满的？"

"是！"所有的学生异口同声地回答。

"真的吗？"教授笑着问。然后再从桌底下拿出一袋碎石子，把碎石子从罐口倒下去，摇一摇，再加一些，再问学生："你们说，这罐子现在是不是满的？"

这回他的学生不敢回答得太快了。最后班上有位学生怯生生地细声回答道："也许没满。"

"很好！"教授说完后，又拿出一袋沙子，慢慢地倒进罐子里。倒完后，再问班上的学生："现在你们再告诉我，这个罐子是满的呢，还是没满？""没有满。"全班同学这次异口同声道。

"好极了！"教授再一次称赞这些"孺子可教"的学生们。称赞完之后，教授从桌子底下拿出一大瓶水，把水倒在看起来已经被鹅卵石、小碎石、沙子填"满"了的罐子里。

当这些事都做完之后，教授正色问他班上的同学：

“我们从上面这些事情中可以得到什么重要的结论呢？”

班上一阵沉默，然后一位自以为聪明的学生回答说：“无论我们的学业多忙，行程排得多满，如果要挤一下的话，还是可以多做些事的。”这位学生回答完后心中很得意地想：“这堂课终归讲的是时间管理啊！”教授听到这样的回答后，点了点头，微笑着说：“答得不错，但这并不是我要告诉你们的重要知识。”说到这里，这位教授故意顿住，用眼睛向全班同学扫了一遍说：“我想告诉各位，最重要的知识是，如果你不先将大的‘鹅卵石’放进罐子里去，也许以后你永远没机会把它们再放进去了。”

同学们恍然大悟，老师是在教他们做事情要分清轻重缓急，学会安排做事情的顺序。在生活中，当孩子做事情手忙脚乱时，就要好好找一下原因，通常都是由于他没有把事情的顺序安排好。对于生活中林林总总的事情可以按事情的重要性和紧急性的不同组合确定处理的先后顺序，先集中时间做重要的事情，剩余的时间再处理小事、杂事，这样按照事情的轻重缓急安排好，再进行全面的时间管理，就不会出现忙乱的状况了。

天下如此之大，知识的海洋如此之深，而自己的时间、精力又是如此有限，在时间管理上我们必须要有选择，要有所不为，这样，人生才能有所为或有所作为。男孩无论多么心高气傲，或有多少内在及外在的优越条件，都不能没有选择地芝麻西瓜一把抓。

男孩要分清轻重缓急，并非任何时候只能做最重要的一件事而完全忽略所有其他的事，而是要分析哪些是属于当时最重要的一件或两件事并坚决把它们做好。其他的事也可以根据自己的需要、能力及兴趣去做一些，但一定要设计出优先顺序，而且不宜经常和随便更改，这就是时间管理的精髓，也是学业成功的秘诀之一。

第八辑

男孩子就要有好心态

控制情绪、优化心态才能掌握命运。情绪是男孩对客观事物的体验，是主观对客观的一种感受，保持乐观向上的精神状态，让自己进入洒脱豁达的境界，等于掌握了生命的主动权。心态对男孩的健康成长影响极大，愉快的心态会给男孩带来健康，悲观的心态会给男孩以负面影响，诱发各种疾病。喜怒哀乐是人之常情，生活中一点烦心事没有是不可能的，关键是如何有效地调整、控制自己的心态，做生活的主人，做心态的主人。

传递快乐

华盛顿说："一切的和谐与平衡，健康与健美，成功与幸福，都是由乐观与希望向上心理产生与造成的。"男孩，只要你开朗、乐观，用微笑面对生活，即使处于逆境也能获得成功。

一个孩子随母亲到寺院进香，看到方丈在洗鲜桃，孩子站定了不想离去。方丈便把洗好的桃子递给孩子，但孩子的母亲觉得这样不好，不让孩子伸手，并对方丈说："师父还是自己留着吧，这桃子若是给了他，你就少了一个！"

方丈听后便笑了："我少吃一个桃子，但多了一个人吃桃的快乐。"方丈把鲜桃塞到孩子手中，飘然而去。

这个孩子叫清水龟之助。从此以后，他知道了快乐是可以互相传递的。当他因生活所迫成为邮差时，最初很苦闷，但他不想把自己的苦恼传染给别人，因此始终在工作时保持微笑。他看到那么多人在接到信件时露出微笑，那份快乐又传递给了自己，他觉得自己的工作是很有意义的。

邮差是一份辛苦的工作，而且收入微薄，很少有人将其作为一生的职业。但清水龟之助一干就是25年，成为日本屈指可数的老邮差。

清水龟之助每天一大早就出门，用自行车驮着报刊和邮件穿梭于大街小巷。凡是接受过清水龟之助服务的居民都十分喜欢他，因为他每天都很快乐，居民们从他手中拿到信件和报刊的时候，也得到一份他带来的由衷的快乐。

日本有一项国家级的奖项，叫“终身成就奖”。以前得到这个奖项的大都是社会精英，有一年政府将这个奖颁给了清水龟之助。有人对一个邮差获此大奖感到不解，但在得知清水龟之助的事迹后，他们改变了看法。

清水龟之助通过平凡的工作给公众带来了快乐，而快乐是无法用金钱来买的。乐观的心态，有时可以改变人的命运。

清水龟之助在平凡的岗位上做出了不平凡的成就，他被誉为传递快乐的人。清水龟之助传递快乐，获得了日本国家级别最高的终身成就奖。他成功的秘诀就是保持乐观的心态。

你想做出不平凡的成就吗？那么，你从小就需要培养乐观开朗的性格，特别是当你家境一般，或者学习和生活不顺利的时候，更需要保持乐观的态度，微笑着面对逆境。当你打开自己的心窗，阳光自然就会照进来，给你带来光明和温暖，驱走黑暗和寒冷。

泥泞才能留下脚印

只有经风沐雨，走在泥泞的路上，才能留下你的脚印；也只有经历生活的苦难，奋斗不止，才可能做出成绩，为后世留下功勋。不要害怕风雨，那正是为你提供成功的契机。

鉴真和尚刚刚剃度时，寺里的住持让他做了寺里谁都不愿做的行脚僧。

有一天，日已三竿了，鉴真依旧大睡不起。住持很奇怪，推开鉴真的房门，见床边堆了一大堆破烂烂的草鞋。住持叫醒鉴真问："你今天不外出化缘，堆这么一堆草鞋做什么？"

鉴真打了个哈欠说："别人一年一双草鞋都穿不破，我刚剃度一年多，就穿烂了这么多的鞋子，我是不是该为庙里节省些鞋子？"

住持一听就明白了，微微一笑说："昨天夜里落了一场雨，你随我到寺前的路上走走看看吧。"

寺前是一座黄土坡，由于刚下过雨，路面泥泞不堪。

住持拍着鉴真的肩膀说："你是愿意做一天和尚撞一天钟，还是想做一个能光大佛法的名僧？"

鉴真说："我当然希望能光大佛法，做一代名僧。"

住持捻须一笑："你昨天是否在这条路上走过？"

鉴真说："当然。"

住持问："你能找到自己的脚印吗？"

鉴真十分不解地说："昨天这路又坦又硬，小僧哪能找到自己的脚印？"

住持又笑笑说："今天我俩在这路上走一遭，你能找到你的脚印吗？"

鉴真说："当然能了。"

住持听了，微笑着拍拍鉴真的肩说："泥泞的路才能留下脚印，世上芸芸众生莫不如此啊。那些一生碌碌无为的人，不经风不沐雨，没有起也没有伏，就像一双脚踩在又坦又硬的大路上，脚步抬起，什么也没有留下。而那些经风沐雨的人，他们在苦难中跋涉不停，就像一双脚行走在泥泞里，他们走远了，但脚印却印证着他们行走的价值。"

鉴真惭愧地低下了头。

用好的心态去接受现实

有人说过这样一句话："前方是绝路，希望在拐角。"事实上，每一件事情都有多种解决办法，关键在于面对现实的时候，你采取什么样的态度。如果不是抱怨运气不好，而是竭尽全力，不断想方法、找办法，男孩就能达到自己想要的高度，这也是成功与失败的差距。

在美国的一个普通家庭里，一个小男孩晚上与家人一起玩牌，不过他的运气很差，连续几次抓的牌都很差，结果全输了。于是，他开始抱怨自己手气不佳、运气不好。这时，男孩的母亲突然停止了玩牌，她严肃地对小男孩说："无论你手中的牌是好是坏，你都必须接受它，并尽最大努力玩好自己的牌！"小男孩望着母亲那严肃认真的面孔，愣了愣神。只听母亲接着说道："人生也是如此，上帝为每个人发牌，你无法选择牌的好坏，但你可以用好的心态去接受现实，并竭尽全力，让手中的牌发挥出最大的威力，获得最好的结果。"

从此以后，小男孩改变了自己的心态，一直牢记着母亲的这番教诲，他不再抱怨自己的命运，而是以良好的心态去迎接人生的每一次挑战。就这样，他从得克萨斯州的农村默默无闻地走了出来，一步步成为陆军中校、盟军统帅、美国总统。这个小男孩，就是美国第32任总统——艾森豪威尔。

恪守心灵的一方净土

中国自古有"君子爱财取之有道"之说。现在急功近利的浮躁生活，让有的男孩缺乏一种社会责任感。恪守自己最初心灵的一方净土，不是让人变成迂腐不堪的呆子，而是要时刻提醒自己，现在的自己，是否还有一种责任感，对人，对事，对社会，更重要的是对自己。

崔健是青少年耳熟能详的摇滚歌手。他出道很早，闯荡歌坛20多年，声名显赫，有"中国摇滚教父"之称。他那首《一无所有》，至今久唱不衰。崔健不仅歌唱得好，做人处世也有许多令人敬佩之处。

崔健成名之际，正是我国改革开放蓬勃兴起、商品经济大发展之时，商业广告日渐风靡。商家为了牟取最大利益，不惜投巨资、请名人做商业广告。当红歌星人气高，影响力大，尤其受到商家的青睐。

当时以唱摇滚闻名全国的崔健，自然成为许多商家的首选。一次，一家南方制药企业通过朋友找到崔健，想请他为一种新药做广告，开出的广告费非常可观。不料，崔健不假思索地拒绝了。厂商以为崔健嫌广告费少，马上对他说："崔老师，只要您答应代言，广告费我们可以再商量！"崔健笑了笑回答："你误解我的意思了，不做商业广告是我的原则；我针对的不是你们一家。"见崔健的态度坚决，厂方只好作罢。

崔健的朋友得知事情的经过后。就问他："为什么送上门的钱不挣，你这是犯傻还是跟钱有仇呀？”崔健听了朋友的话，先劝慰了几句：“我知道你这是为我好，不管怎么说我都要感谢你。”然后平静地对他的朋友说，“厂商做广告就是为了多赚钱，我就是一唱歌的，对其他行业根本不了解，如果做的广告有虚假，怎么对得起老百姓？我这点名声，都是老百姓捧出来的，我绝不能干对不起他们的事。”最后崔健诚恳地对朋友说：“我再需要钱，也不与商业广告为伍，给多少钱也不干。”

20年来，崔健一直恪守着自己不拍商业广告的原则，即便近年来商业广告铺天盖地、无处不在，很多歌星做广告收入少则成百上千元，多则几十万元，崔健依然不动心。崔健的经纪人尤尤说：“找崔健拍商业广告的厂商很多，其中不乏房地产、制药、汽车等行业的大企业，广告费相当可观，但崔健始终不接。”

崔健的家是一套六七十平方米的两室一厅，装修极其简单，即使在当年也很一般，很多家具和摆设还能看到十几年前的影子。房间里现代一些的东西大多是音乐器材，他们占据了大部分面积。崔健的日常生活也很简朴，虽然工作很忙但他没有雇保姆，而是请了一个小时工，帮他打扫卫生，买菜做饭，其他的事情则自己来做。崔健成名后的坐骑一直是辆普通型桑塔纳，直到2005年车太“老了”，他才换了一台丰田车。崔健的生活与邻家百姓们并无二致，与人们耳闻目睹，开着豪华轿车、住着高档别墅、过着奢侈生活的一些歌坛大腕相比，简直是天壤之别。然而崔健对自己现在的生活却很知足，他说：“与普通人相比，我的生活已经很好了。”

木偶带来的机缘

歌德说："谁要游戏人生，他就一事无成；谁不能主宰自己，他就永远是一个奴隶。"贫困的家境、危难的处境都不可怕，只要你树立人生信念，有一个好心态，不放弃努力，那么，你就会成为出类拔萃的男孩。

安徒生出生在丹麦欧登塞城一个贫苦鞋匠家庭。小时候家里很贫穷，从未像有钱人家的孩子那样有像样的玩具，他玩的玩具都是父亲亲手做的。他最喜欢的是父亲为他做的一个小木偶，他还让父亲给这个小木偶用破碎皮子做衣服。有了这个小木偶做伴，安徒生一点也不寂寞，他常常和这个木偶演戏，让它装扮各种各样的角色。这给小安徒生的童年生活以很多的安慰，也给他太多的丰富幻想。

有一年，安徒生的父亲在贫病交加中去世了。为了生活，母亲给他找了继父，可继父一点也不喜欢安徒生，这使小安徒生非常难过，也更加想念自己的父亲。每天晚上夜深人静时，他便把父亲给自己做的木偶人拿出来看一看，牵着木偶的小手，想着另一个世界里的父亲，他想着想着，慢慢就睡着了。

在苦难和艰辛面前，小安徒生没有失去人生的信念。无论流浪街头之时，还是忍饥挨饿之际，他仍然以一颗善良而美丽的心向往着光明，向往着幸福的生活。终于，一篇篇美丽的童话在他的笔下诞生了。

在童话世界里，安徒生鞭挞丑恶、歌颂善良，表现了对美好生活的执著追求。这些童话深受孩子们的喜爱，后来他的童话征服了全世界孩子们的心，他也成为了深受孩子们喜爱的童话作家。

拒绝不良诱惑

科学可以造福人类，也可以祸害人类。掌握知识固然重要，但树立正确的世界观更重要。一个男孩需要辨别是非，拒绝不良诱惑，成为一个富有正义感的人，把所学知识用于造福人类的事业。

一个德国科学家把自己的灵魂出卖给“魔鬼”，以换取知识和权力，这个人就是弗里茨·哈伯。

哈伯1868年12月9日出生在德国布雷斯劳小镇一个犹太家庭。他是一个染料商的独生子，他似乎从父亲那里继承了对化学的迷恋。哈伯先就读于柏林和海德堡的名牌大学，师从当时一些最著名的化学家，哈伯22岁就获得了博士学位。

1904年，哈伯开始研究使他闻名世界的一个问题：拯救世界于饥饿。英国经济学家托马斯·马尔萨斯认为，人口的自然增长速度将超过农作物产量的增长速度，这就意味着全球最终将出现饥荒。于是有人警告说，如果找不到新的肥料来源，马尔萨斯的预言将会成为现实。

20世纪初，世界各国氮肥需求量剧增，军事工业也迫切需求大量硝酸，而天然富含氮的硝石和鸟粪资源即将开采完毕，科学家们必须找到大量生产这类肥料的方法。化学家们早就知道氮还有一个用之不竭的来源，那就是大气。氮大约占大气成分的80%。问题是，没有人知道用什么方式来获得氮。

哈伯和同事们经过5年的努力，终于在1909年6月成功地生产出合成氨。他们还将氨转化成以氮为基础的肥料。这种肥料是未来养活全世界人口必不可少的。哈伯取得的这项成就立即获得了德国最大的化学公司巴斯夫公司的认可。因为这项成就，哈伯当时被誉为世界上最伟大的化学家之一，1918年还获得了诺贝尔化学奖。

第一次世界大战爆发之初，协约国的船只封锁了德军制造炸药所必需的氮的运输航线。这是可以让德国几个月后耗尽炸药的一招。但协约国不知道哈伯和同事们已成功地提高了氨的生产进度——一周可生产1000吨含氮丰富的氨，这使德国度过了无期限的封锁。

哈伯的这项科学发现曾挽救千百万饥饿生灵的方法，后来却被用于设计一种置人于死地的新手段：化学武器。哈伯告诉德军最高指挥官，毒性极高的氯气很廉价，可以把氯气喷洒到敌人的战壕中，攻击敌军士兵的脸部和肺部，从而将他们驱赶到开阔地带，以便用机枪扫射。

哈伯这项可怕的计划，除了阿尔布雷希公爵，几乎被德国所有的师级指挥官拒绝采纳。

1915年4月22日下午5时，德军把装有氯气的毒气缸面向守卫伊普尔城的协约国军队，150吨氯气从圆缸中释放出来。几分钟之后，成千上万的守城军人被熏得四散逃窜，伊普尔城的正面出现了一个宽4英里的无人防守的缺口。多疑的德军指挥官们对于是否派兵进城犹豫不决，从而让协约国获得了重新部署兵力的时间。有史以来第一次利用化学武器发动的进攻就这样失败了，但是那次进攻造成了1．5万人伤亡。

哈伯对这项计划遭到失败感到垂头丧气。他的妻子克拉克恳求哈伯放弃这种工作，哈伯拒绝了。那天晚上，他的妻子用哈伯的手枪自杀了。在氯气投入使用之后，哈伯又发明了其他化学武器，其中最为臭名昭著的是芥子气，它能渗进皮革和橡胶中，伤害人的眼睛和皮肤。

最后哈伯通过化学武器赢得战争胜利的想法未能实现。德国战败后，哈伯被列为战犯，后来他逃到了瑞士。对他的指控取消后他又回到了德国，并重新从事化学武器的研制工作。

1933年纳粹上台后，尽管哈伯竭力为德国卖命，但因为纳粹发现他从学生时代就开始隐瞒自己的犹太血统，最终将他赶出了德国。哈伯逃到英国剑桥大学，那里的同行科学家们对其嗤之以鼻。哈伯陷入痛苦和孤独中，随后他又来到了瑞士，不久因心脏病发作去世。

1942年，纳粹制订了灭绝所有犹太人的计划。他们选择的杀人方式是装满了化学制剂的巨型毒气室，所用的化学制剂是哈伯的公司发明的一种农药，纳粹用这种化学制剂毒死了哈伯的好几位亲人。

哈伯原本可以成为一位伟大的科学家，成为造福人类的天使，但他却痴迷于权力游戏，在黑暗中出卖了自己的灵魂，结果变成了魔鬼。

培根说过："如果一个人有毅力和决心，能断然强制自己彻底根除不良习性，那是最令人钦佩的人。"人生的道路上既有"香花"，也有"毒草"。男孩在遇到挫折时往往容易被"毒草"诱惑。

你想一路前行达到成功的目的地，那么，你也需要有毅力和决心坚持自己的人生理想，出现挫折时不要灰心丧气，保持乐观向上的心态，学会辨别是非，避免沾染不良习气。只要自身的"免疫力"增强了，一身正气，你就有能力抵御坏的东西。

清淡简朴劳作

人生的智慧在于要剔除可有可无的繁琐，去寻找心灵的归宿。简朴清淡却不失劳作，以平常的淡然心态对待生活，正是人生的最高境界。

齐白石是我国著名的国画大师。他生于1857年，享年94岁，活了差不多一个世纪。他不仅长寿，而且晚年一直很健康。齐白石出生于穷苦人家，幼年常以芋头、白菜充饥。晚年在生活上仍然清淡简朴，很少去应酬赴宴，如无来宾，他常常是吃虾皮煮白菜。他睡的是木板床，一辈子没睡过沙发床。因为齐白石吃得清淡，少盐少糖，从不大鱼大肉，故无现代人的富贵病，去世时得的是重感冒。

齐白石从小就放牛、砍柴，到14岁正式拜师学木匠，后来成为民间画师，再后来成为国画大师。一生劳作，从未息肩。画画不仅是脑力劳动，也是体力劳动，这对老年人健脑健体都是十分有益的。齐白石70多岁在刻印时，还很有手力。齐白石曾给自己刻了一枚印章："星塘白屋不出公卿"。他一生履行了这一诺言。他一辈子执著追求艺术创造，无意仕途，自然也少却许多烦恼。齐白石在新中国成立前一直靠卖画谋生，但他的画从不卖高价，即使成名以后也如此，从不唯利是图。齐白石一生无名利包袱，不受名利之累，活得自由自在，轻松愉快。

齐白石一生坚持锻炼身体，一直喜欢户外活动。每天清晨，齐白石总喜欢端坐在一张团椅上，双目微闭，心无旁骛。他老人家是在做静动——内养功的练身法。除了早晨练功之外，齐白石每天大约有3／4的时间在低头作画，1／4的时间在室外活动，种种花草，拨弄鱼虾。齐白石年轻时不喝酒，直到老年才偶尔喝上一杯，但每顿也才喝一杯。戒烟少酒，使他到老都心肺正常，少受许多因烟酒引发的病痛之苦。

圣人的智慧

“简单”一词的本意是：把复杂化为单纯，把多样化变为单一，把重负转为轻松。心理越复杂、越多样的男孩，一定是重负压身，绝不会享受到单纯、单一和轻松的日子。

孔子周游列国，沿途说教，其实是想做大官，但没有做成，只好铩羽而归，在家乡当了个教书匠。没想到一做就感到其乐无穷，他终于明白：

一、做小比做大更大。

二、该做什么就做什么，不要强迫自己。

孔子把自己的这两条智慧传给了弟子们，师生们全都受用无穷，每个人都快乐得不得了，一下子就把儒家的名气搞大了。

“儒”原来是主持祭祀的小礼官，在人们眼中是那种木呆呆的呆子，没想到现在这呆子一下变得这么活泼，并把祭祀搞得堂堂皇皇、热闹非凡，没法不让人刮目相看，投入他的怀抱。

在孔子之时，道家不求闻达，墨家生活太苦，法家太严厉、让人不喜欢。哎，孔子一下子把儒家搞得让大家都高兴一片，又读书明礼，又好玩，当然会吸引众多信徒，成为当世第一显学。

孔子的首席大弟子为颜回。颜回可能是孔子的亲戚，因为孔子的母亲就是颜氏。不过不管那么多，反正颜回现在是孔子的大弟子，最受孔子欣赏。

颜回是个什么样的人呢？圣人。

孔子说："回也非助我者也，于吾言无所不说。"认为颜回已经不再是自己的助手，而是同道。孔子经常虚心学习颜回的美德。不幸颜回早死，孔子大哭："天丧予、天丧予。"师生情深，让人感动。

颜回把这个世界留给了孔子，就像约翰把这个世界留给了耶稣，使他们身上的担子更重了。同时也因为先知数量的减少而激发了先知的智慧，从而以各种手段传道天下，最终以肉身而成仁，引领世界。

圣人就是"剩人"，是挑选之后剩下来的人。别的人因为本事都大得不得了，飞了，走了，他还老老实实留下来，所以叫做"剩人"。

"剩人"自有好处。正因为他是剩下来的，所以没人与他争，这就太好了，做人做到没人争的地步，当然自由自在，自得其乐。

颜回家在哪里？陋巷子里。

颜回吃什么？当然也吃饭。但他不吃山珍海味，大鱼大肉，只吃蔬菜面条、大饼夹大葱，简简单单，在他看来就是天上美食。

颜回喝什么？当然喝水。但他不用喝高级饮料，白开水、凉井水就很爽了，何必又花钱又麻烦？

人们都担心：这人怎么过呀？没想到颜回一天到晚都很快乐，别人完全不必担心，而且还能帮助别人。

微笑地面对生活

幸福很简单，正如歌中所唱“平平淡淡才是真”。男孩，只要你用心去体会，幸福就无处不在。相互之间的一个微笑，亲人的一声问候，早上的一缕阳光，一滴青草上滑落的露珠，雨后的彩虹等，生活是如此的幸福、美好。

马克·吐温年幼的时候，家里雇用了一个名叫山弟的黑人孩子。山弟的父亲，是他唯一在世的亲人。

有一年，山弟的父亲去世了，山弟非常悲伤，他经常一个人在大树下发呆。年幼的马克·吐温还体会不出生离死别的悲痛，他只觉得山弟一个人发呆的样子很好笑，便想捉弄他。就在这时，马克·吐温的母亲走了过来，轻声说：“山弟刚刚失去了亲人，他很痛苦，所以他才变成这个样子，你应该同情他，而不应该取笑他甚至捉弄他，懂吗？”马克·吐温似懂非懂地点点头。

山弟毕竟也是个孩子，没过几天，从他的表情上已看不出那么伤心了。有一天，他突然高兴起来了，心情看上去很不错，还哼着小曲。马克·吐温感到难以理解，就去问母亲：“您说山弟失去了亲人，应该很痛苦，可怎么这么快他又高兴起来呢？山弟是不是个无情的人啊？”母亲摇摇头笑着说：“其实，山弟是个勇敢的孩子！家里发生那么大的事，一个人默默地承受着。看他前几天老是发呆，我还真替他担心呢！现在他总算度过那段最伤心的日子，我们应该为他高兴才对呀！”马克·吐温又是似懂非懂地点点头。

在以后的日子里，马克·吐温经常想到这件事，想到发呆时的山弟，又想到欢笑中的山弟。他觉得还是快乐中的山弟更可爱些，怎么能让他有更多的笑容呢？于是他开始尝试分析每个人的心理，揣测人的感情。他认为世上的欢乐有时要自己去寻找，或者自己去创造，像山弟，他唯一的亲人永远离开了他，当然是很痛苦的事情，痛苦也是很正常的，但如果一味痛苦下去又是很伤感情和身体的，所以山弟做得对，应该想办法从痛苦中解脱出来，高兴地面对生活。

马克·吐温11岁时，他的父亲也不幸去世了，顿时家里笼罩在一片愁云中，生活也一度陷入困境。他母亲悲痛地说：“孩子，现在家里没有足够的钱供应你上学，所以，委屈你了！”马克·吐温安慰母亲说：“这样我就可以不用再看到柯洛士老师，有什么好委屈呢？”

于是，马克·吐温去了一家报社开始打工，每天要做完一个成年人那么多的活儿，老板却只付给他一个童工的薪水，白天三餐顿顿吃不饱，晚上没有床只能睡在地板上。可是，马克·吐温没有因此而烦恼，他总是在艰苦的生活中寻找乐趣，每天乐呵呵地做着单调而乏味的活儿。当别人问他为什么这么快乐时，他总是回答：“工作是一种回报，我从工作本身中能学到东西，这也是一种收获，为什么不高兴呢？”

确实如此，马克·吐温在打字排版的过程中，阅读了很多文章，并从中学到不少知识，这为他后来的文学创作打下了基础。马克·吐温一生始终保持着纯真、乐观的个性，他用诙谐、幽默的文字创作了《汤姆·索亚历险记》和《哈可贝利·费恩历险记》两部名著，字里行间充满了人情味和爱的温暖，给人们带来了智慧和快乐。

每个男孩都希望自己生活在快乐当中，但遇到烦恼甚至痛苦的事情，是沮丧地生活下去呢，还是像马克·吐温那样快乐地面对它？答案不言而喻。当自己一切顺利的时候，微笑地享受生活的甜美，这是对自己的奖励；当自己遇到挫折时，微笑面对困难，能使自己重新树立生活的信心；当朋友陷于困境时，给他一个微笑，这是对他的最大鼓励；当朋友之间产生误会时，给对方一个微笑，便是误会烟消云散的最好方法。

悠然的人生

悠然的人生，需要人们保持平静、自然的心态，这就需要人们无己、无功、无名，男孩也只要摆脱了这些虚名，才能真正体会到悠然自得的乐趣。

惠子是庄子的朋友。有一次庄子去看他，因为二人一向友情很深，庄子走了以后，有人在背后对惠子说：“庄子这次来，是想取代你宰相的位置，您小心点！”

惠子一听便担心了。决定先下手为强，捉拿庄子，以除后患。硬是在全国搜捕了三天，终于没发现庄子的影子。当惠子放下心来当他的宰相时，庄子却来求见。原来庄子并没逃走，只是藏起来了。

庄子对惠子说：“南方有一种鸟名叫鸩鸠，您听说过吧。那鸩鸠，是凤凰一类的鸟。它从南海飞到北海，不是梧桐不栖身，不是竹子的果实不吃，不是甘美的泉水不喝。就在这时，一只老鹰抓到了一只腐烂的死老鼠，鸩鸠从它的身边走过，老鹰便紧张起来，抬头对鸩鸠发出‘吓’的怒斥声。现在您也想用梁国相位来吓唬我吧。”听庄子讲完，惠子面红耳赤，不知说什么好。

还有一次，庄子在濮河上钓鱼，楚威王派两个大夫前来，带着楚威王的亲笔信，要请庄子去当楚国的宰相。两个大夫客气地转达楚威王的问候：“大王想拿我们国家的事麻烦您，请不要推却！”

庄子只自顾自地钓鱼，手里拿着钓竿，眼睛盯着水面，对两位大夫的恭敬与楚王的盛情，一点也不理睬。最后庄子说：“我听说楚国有一只神龟，死了已经三千年了。楚王把它的遗体，用竹箱子装着，用手巾盖着，珍藏在庙堂里。您二位说说，这只龟，是愿意死了以后，留下骨头让人珍惜呢，还是宁愿活着，在沼泽中摇头摆尾呢？”

二位楚大夫答道：“那当然是愿意活着，在泥泽里摇头摆尾了。”

庄子大笑道：“那好，你们回去吧。我愿意活着，在沼泽里摇头摆尾，自由自在。”

不以物喜不以己悲

祸莫大于不知足，咎莫大于欲得。男孩要掌握荣辱的分寸，知道满足就不会受辱，知道适可而止就不会遭到不幸。

北宋著名文人范仲淹，一生为官清正廉洁，勤劳奉公，生活节俭。他出身寒微，但受其父范墉的为官清廉，从不奢侈享乐影响很深。他“少有大节，于富贵贫贱毁誉欢戚不一动其心，而慨然有志于天下。”从小就立下远大志向，不论贫贱富贵都丝毫动摇不了他的志向。

这里仅以两件事来表现他不为贫贱富贵动摇其志，一生俭约的风尚。范仲淹早年在醴泉寺求学时，家境贫寒，只得每天吃粥度日。晚上，他用少量的米煮成一盆稀粥，到第二天早晨便凝固成块，然后再将粥划成四块，早晚各吃两块。没有钱买菜，他便把少许菜叶菜根用盐水腌渍，切碎了就粥吃。后来，这被一位南京留守的儿子看到后，便从做留守的父亲那里拿来一些饭菜，送给范仲淹。过了几天，这位留守的儿子看到送来的饭菜已经变质了，还放在一边一点没动，很不高兴，问他为什么不吃。范仲淹诚恳答谢道："我并非不感激令尊的厚意，只因我平时吃稀饭已成习惯，并不觉得苦。现在如果贪图这些佳肴，将来怎么能再吃苦呢？"

后来，范仲淹显贵了，仍然"非宾客不食重肉（两份肉），妻子衣食，仅能自充。"他依然注重节俭。家人在他的教导下，也衣着朴素，他对家人说："吾贫贱时，无以为生，还得供养父母。吾之夫人亲自添薪做饭。当今吾已为官，享受厚禄，但吾常忧恨者，汝辈不知节俭，贪享富贵。"范氏子孙个个认真聆听。

儿子范纯仁娶亲之际，范仲淹主张一切从简。当他听说新媳妇将饰以锦罗帷幔时，心中很不高兴，立即传训纯仁："罗绮非帷幔之物，吾家素清俭，安能以罗绮帷幔坏吾家法，若将帷幔带入家门，吾将当众焚之于庭。"最后，范纯仁的媳妇听从了劝告，朴素清简地成了亲。

不贪图眼前利益

托尔斯泰说："理想是指路明灯，没有理想，就没有坚定的方向；没有方向，就没有生活。"有理想、有正义感的男孩，必然会让发明或发现造福于全人类，这是伟大而高尚的举动。如果让它只成为富人敛财的工具，那其行为就显得渺小而可悲了。

伦琴读中学的时候，并未显得特别聪明，代数、几何、物理和化学几门功课都是成绩平平。他像其他孩子一样，活泼好动。不同的是，伦琴少年时期就显示出他富有正义感。

有一次，一个同学在黑板上给老师画了一幅讽刺漫画。老师恼怒了，将此事告到校方。校方派人到班上来追查，要求学生揭发作画者。伦琴倔强地站在学生一边，始终不肯透露那个同学的名字。结果，伦琴被无理地逐出了校门。

这时，伦琴的母亲鼓励儿子说："对于你来说，中途退学是件难过的事。但是，道路总是人走出来的。你要想到，你是一个优秀的青年，只是不幸遇到那样的事情。我相信你！"

母亲的教诲坚定了伦琴继续学习的决心。他坚持在家里自学，随后参加了中学毕业考试。虽然他的考试成绩名列前茅，校长却没有原谅这个倔强的学生，还拒绝发毕业证书。没有中学文凭，等于失去了报考大学的资格。伦琴只好自谋生路，到一家纺织厂里当了一名管理员。但是在工作之余，他仍旧坚持自学，复习功课，期待着上大学的机会。

在一位好心人的帮助下，伦琴在一所大学当了旁听生。不久，他进入瑞士苏黎世私立综合技术学院，当时这所大学接收没有高中学历的学生。1868年8月，伦琴以优异的成绩获得该校机械工程师的文凭。

谁也没有想到，当年这个倔强的学生在他50岁时，最先发现了轰动世界的X射线。

不少商人欲出高价购买伦琴的发现，伦琴都拒绝了。他说："美国人在我面前挥动着上百万的美钞，我知道我会因此而发财，但是我不准备拍卖这一发现。"

"这我可就不懂了，为什么不想以此来赚钱呢？我出50万！"一位富商困惑不解地直摇头。

对富商们的请求，伦琴淡然一笑，他说："我的发现属于所有的人，但愿我的这一发现能被全世界的科学家所利用。这样，它就会更好地服务于全人类。"

1901年12月10日，伦琴是获得首届诺贝尔奖的德国物理学家。

赫塞说，精神只有顺从真理时才有益，才高贵。背弃真理，受金钱贿赂，精神就会成为潜在性的恶魔，比动物的本能的野蛮性还要坏。伦琴发现X射线后，在金钱诱惑面前，他依然选择把他的发现无私地献给全人类，体现了一位科学家的高尚品德。

男孩，你也想成为一个行为高尚的人吗？那么，你从小就要提高自身修养，淡泊名利，专注于学习，切莫把心思过分花在身外之物上，这样一来，你不仅可以脱离低俗，而且因为专心致志，你在成功的路上能够走得更快。

永远保持良好的心境

史蒂芬·柯维曾告诫我们，心境是一种世界上最神奇的力量。带着爱、希望和鼓励的积极心境往往能将一个人提升到更高的境界；反之，带着失望、怨恨和悲观的消极心境则能毁灭一个人。因此，我们一定要保持一种良好的心境。无论是乐观还是悲观，我们都要面对同样的世界，是否能做一个快乐的男孩，能否笑遍天下，全在自己的一念之间。

将情绪粗略地加以区分，可得出乐观与悲观这两种感觉。而事实上，乐观与悲观就是一对孪生兄弟。

当同样面对一片废墟时，乐观的男孩会认为，这里还可以重新盖起高楼大厦；而悲观的男孩却以为，这里的一切都完蛋了！同时面对秋天时，乐观的男孩会看到稻谷金黄，硕果满枝；而在悲观男孩的眼中，却落叶萧瑟，满目凄凉。

乐观的男孩每过一天，就会为自己每一天都有新的希望而感激；悲观的男孩每过一天，就会认为自己生命的存折里面又减掉了一天。

在很多情形下，只要稍微调整一下我们的心态、我们的视点，使它处于良好的状态，我们就可以获得一个全新的环境感受。

心理学中曾经有过这样的实验：

实验的内容是看一张一群青少年正在沼泽区域挖地的图片。

一位实验对象在心情愉悦时对这张图片是这样描述的："看来一切都很有趣，这使我想起了夏天，在大自然中劳动，是生命的真实享受，是一种无法比拟的快乐，在泥沼中挖土、种植，然后看着植物发育成长，是对劳动者至高无上的奖赏。"

在他情绪忧郁的时候这样描述道："生活真是一场无休止的苦役。这么小的孩子就要承担如此又脏又重的体力活，这个世界没有一点人情味，他们的家长、我们的社会干什么去了？这样年龄的孩子显然还有更有趣的事情可做。这真是一片可怕的黑色土地。"

在他情绪焦虑的时候，他这样描述道："我真担心，这些孩子会弄伤他们的手脚，这种活应该让年纪大一些的人去干。一旦发生意外，真不知道会酿成怎样的悲剧。你看旁边沼泽地的水恐怕不浅吧，万一孩子不小心滑下去……"

乐观的男孩，对生活中可能出现的好事充满了期待，所以他们对成功有着强烈的渴望，要求自己必须过上理想的生活；而在悲观的男孩看来，世界上所发生的一切事情早已命中注定，自己的努力不过是徒劳地挣扎。

学会乐观地思考，快乐地生活，可以使自己的生命充满希望，悲观的思维则会使你陷入恐惧的深渊。成功是快乐的，它不喜欢同悲观的男孩打交道，一个男孩的内心如果从来都没有感受过快乐、幸福的话，那么，成功的机会即使来了，它也会从他的身边溜走，并将永远无法与它相逢。

善于调控自己的情绪，做情绪的主人

男孩子要明白：自制力是能够控制自己、支配自己并自觉调节自己行为的能力。它表现为既善于促使自己去完成应当完成的任务，又善于抑制自己的不良行为。培养自己的自制能力对于今后走入社会具有重要的意义。

早年在美国一个叫阿拉斯加的地方，有一个年轻人的太太因难产而死，留下一个孩子。这个年轻人因为忙于工作，又忙于家务，没有时间照顾孩子。因而他训练了一只狗，那狗聪明听话，能照顾孩子，咬着奶瓶喂奶给孩子喝。

有一天，这个年轻人出门去了，让狗来照顾孩子。他到了别的村庄，因遇大雪，当日不能回家。第二天才赶回家，狗听到主人的声音立刻开门出来迎接主人。年轻人把房门打开一看，到处是血，抬头一望，床上也是血，孩子不见了，狗也浑身是血。主人发现这种情形，以为狗兽性发作，把孩子吃掉了，狂怒之下，拿起刀来向着狗头一劈，把狗杀死了。杀死狗之后，他突然听到孩子的声音，随后看见孩子从床下爬了出来，于是他欣喜地抱起了孩子。奇怪的是：孩子虽然身上也有血，但并未受伤。他不知究竟是怎么一回事，再看看狗的身上，才发现狗腿上的肉没有了。他往床底下一看，床底下有一只死掉的狼，口里还咬着狗的肉。原来，狗救了小主人，却被粗心暴躁的主人误杀了。

虽然这只是一个故事，但它告诉我们：人的感觉器官是用来搜集信息的，如果不经过大脑分析就下定论，便会产生误会，令人做出追悔莫及的事。因此，凡事一定要三思而后行。不信，我们可以再看一个真实的故事。

在一场举世瞩目的赛事中，台球世界冠军已走到卫冕的门口。他只要把最后那个8号黑球打进球门，凯歌就奏响了。

就在这时，不知从什么地方飞来一只蚊子。蚊子第一次落在台球世界冠军握杆的手臂上，由于手臂有些痒，冠军停下来，蚊子飞走了。冠军刚做好准备，蚊子又飞回来了，这回竟落在了冠军紧锁着的眉头上。冠军只好不情愿地再次停下来，烦躁地去打那只蚊子。蚊子又轻捷地脱逃了。冠军做了一番深呼吸再次准备击球。天啊！他发现那只蚊子又回来了，像个幽灵似的落在了8号黑球上。冠军怒不可遏，拿起球杆对着蚊子捅去。蚊子受到惊吓飞走了，可球杆触动了黑球，黑球当然也没有进洞。

按照比赛规则，该轮到对手击球了。对手抓住机会死里逃生，一口气把自己该打的球全打进了。卫冕失败，冠军恨死了那只蚊子。可惜的是他后来患了重病，再也没有机会走上赛场。直至临终时，他仍对那只蚊子耿耿于怀。

因为一只蚊子而卫冕失败，实在令人痛惜。但倘若那位冠军当时能以大局为重，控制好情绪，遗憾便不会发生。可见，控制好情绪对男孩而言有多重要。生活中谁都难免遇到一些烦恼之事，如果任由怨恨的情绪滋生，便会被愤怒冲昏头脑，做出不理智的事，以致因小失大。因此，每个男孩都要理智地对待不愉快的事情，善于控制自己的情绪。

第九辑

男孩子就要有高情商

有研究发现，成功80%来自情商，20%来自智商；也有科学家指出，情商高的人更具创造力；更有研究认为，只要能提高情商，就能提高一切。由此可见，情商对一个男孩是多么重要。

知恩得言谢

教师犹如辛勤的园丁。男孩的成长离不开老师的栽培和教诲，每一个男孩都应该知恩感恩。

美籍意大利物理学家费米，自幼聪慧。他十多岁就能独立理解高深的数学问题。中学时，他的学习就远远超出了学校规定的内容。1918年，费米考入比萨高等师范学院，他完成了一篇高质量的论文轰动了全校，并由此获得免费教育助学金。

费米生性好动，非常调皮，喜欢恶作剧，经常花很多时间玩耍。

费米18岁那年，有一天，老师正在兴致勃勃地讲课，同学们听得也很认真，只有费米在和同学拉赛蒂交头接耳，还不时搞一些小动作。他们觉得书上的内容早已掌握，老师讲得也很乏味。他们在玩一枚自己设计和制作的臭气弹。

突然，“嘣”的一声，臭气弹爆炸了。顿时，教室里一片惊叫声，臭气充满了整个教室。课堂被搅乱了，老师愤然离开了教室。

这件事迅速传遍全校。许多老师纷纷向校长建议，将在课堂上搞恶作剧的费米开除。

这时，实验课老师普齐安及时站了出来为费米辩解。他大声说：“费米搞臭气弹固然不对，但他是由于精力旺盛得不到知识上的满足，我们老师的责任是引导他，并给他以丰富的知识。”

普齐安深知费米的聪明，他说：“这个小伙子将来肯定会成为一个了不起的人才！”由于普齐安的爱护，这才保住了费米的学籍。在此后的学习中，普齐安处处注意帮助和保护费米。

不久，普齐安了解到，费米所掌握的知识已经远远超过了自己，于是就请费米到家里来教自己理论物理学。费米见老师诚心相待，没有犹豫就答应了，并给老师开了一门关于爱因斯坦相对论的课程。

普齐安对费米的爱护和器重，成为费米深入学习的巨大推动力。1922年，费米以优异成绩获得比萨大学物理学博士学位。1938年，37岁的费米荣获诺贝尔物理学奖。他在芝加哥大学参加并主持了第一个原子反应堆的设计和试验。接着他又参加了“曼哈顿计划”的实施，促成了世界上第一颗原子弹的诞生。

后来，费米在回忆他与普齐安的师生情谊时说：“我的成就应归功于老师，归功于那枚臭气弹。”

善待父母

孝敬父母，不仅是我们应尽的义务，也是衡量人们品德的重要标准。人生的第一堂课，应该是学会感恩，体谅父母一辈子的辛勤付出，男孩从小就应该孝敬他们。

一个青年在大学毕业前，他看中了一辆漂亮的轿车，知道父亲有这个经济能力，就对父亲说他想在毕业时得到那辆车。

终于熬到毕业典礼的那天清晨，父亲郑重地把他叫到自己的房间，对他说，他为有这么好的儿子感到骄傲，预祝他毕业后开创自己的事业，说着，便拿出一个漂亮的礼盒作为送给儿子毕业走向社会的礼物。

儿子以为父亲会给他买那辆轿车，没有想到送给的他是礼品盒。他隐忍内心的失落回到自己的房间。当打开那个礼品盒时，他看到里面有一本精装书。他失望至极，根本不想再打开那本书，丢下盒子就离家创业去了。

一晃几年过去了，这个青年已成为一名成功的经理，有了自己的房子，也成了家。当得知父亲已身患重病时，他决定赶回家去陪护父亲。从毕业典礼那天起，他很少回来与父亲交心地聊过，每次回来探望父母，他都因为时间紧张而匆忙离去。他想，这次回家，无论如何也要住一段时间，好好陪父亲，让父亲把病养好。当他快要到家时，突然接到他母亲的电话，他母亲悲伤地告诉他，他的父亲刚刚去世了。

这个青年急忙赶到了家，悲哀和悔恨涌上心头。他翻遍父亲的书房，终于找到了当年他丢掉的那个礼品盒。里面还放着那本书，这时他才看清书名是《人生指南》。他含着泪打开了这本书，结果从书里掉出了一把汽车钥匙和一张卡片，卡片上写着“货款全部付清”，下面是他毕业那天的日期。

父亲把财产留给了儿子，但在儿子的眼里最珍贵的却是那本《人生指南》。

后来，这个青年的事业出现了挫折，他的公司破产了，他来到一家跨国公司应聘。在经历几个回合的激烈竞争之后，他终于到了最后一关，接受公司老板的面试。

青年忐忑不安地走进了老板的办公室，在老板对面的椅子上坐下。老板看过他的履历后，凝视他的脸，出乎他意料地问道：“你替母亲洗过脚吗？”

“没有。”青年老实地回答。

“那么，你替父母捶过背吗？”

青年想了想后说：“有过，那是在我读小学的时候，那次我母亲还给了我10块钱。”

通过交谈，老板似乎已经看出了年轻人未来的发展前途并不大，但经过一番磨炼可以成为公司管理骨干。于是就安慰他别灰心，会有希望的。面谈结束前，老板突然对他说：“明天这个时候，请你再来一次。不过，有一个条件，刚才你说从来没有替母亲洗过脚，明天来这里之前，希望你能做一次。”年轻人答应了。

这个年轻人回到家，母亲外出购物还没有回来。他思忖着：“等母亲回来，要怎么替她洗呢？她出门在外走了一段路，脚一定很脏吧？待会儿她回来，便为她洗脚吧！”

母亲回来后，见儿子预备好水盆要为她洗脚，觉得很奇怪，便说：“脚，我还洗得动，我自己来吧！”年轻人便将自己为何想为母亲洗脚的原委说了一遍，母亲理解后便依了儿子，坐在儿子已准备好的椅子上，把脚放进儿子端来的水盆里。

当年轻人握着母亲的脚时，才猛然发现母亲的那双脚在岁月的侵蚀下，已似木棒那样的僵硬。他摸着母亲的脚，不禁潸然泪下。

第二天，这个青年如约来到那家公司，很伤感地对老板说：“我能不能被录取，对我来说已经微不足道。现在我明白这些年来母亲所遭受的辛苦，您使我明白了在学校里没有学到的道理。如果不是您，我恐怕不会握到母亲的脚，也就难以体察到母亲多年来所付出的辛劳，我要好好照顾她。”老板听了点了点头，说道：“你明天到公司来上班吧！”

后来，这个青年十分孝敬母亲，他的事迹也成了公司上下的美谈。

培根说：“子女使父母的劳苦变甜，但也使他们的不幸更苦。子女增加了父母的生活负担，却减轻了他们对死的恐惧。”父母是我们的至亲，我们应该终生记住父母为我们成长所付出的心血。从小学会孝敬，多与父母谈心和交流，长大了走向社会之后，要常回家探望双亲，关心他们的生活，报答父母的养育之恩。

坦诚待家人

著名哲学家、法学家孟德斯鸠说："品德，应该高尚些；处世，应该坦率些；举止，应该礼貌些。"男孩在家里与兄弟姐妹相处，也需要爱心、真诚和坦率，这样才有利于彼此间和睦相处。

1816年，林肯全家迁往印第安纳州拓荒。两年后，他母亲病逝。同年12月，他爸爸娶了一位继室。继母还带来了3个孩子，他们姓约翰斯顿。林肯小时候起就与继母相处得很好，他常常认为自己的成就有一部分是受了他继母的身教。

不管在失意时也好，得意时也好，林肯在对待周围人的态度上，始终是忠厚诚实，对家里人也是坦诚相待。

当林肯得意后，有一次，他的异父异母弟兄约翰斯顿向他借钱，林肯回了这样一封信：

"你要我借给你80美元，我认为现在最好还是不借给你。过去我屡次给你微小的帮助时，你总是对我说，现在我们可以很好地生活下去了。可是过不了多久，你又陷入了同样的困境。这只因为你有缺点。自从我认识你以来，我不相信你有哪一天曾经好好干过一整天活。"

“你现在需要钱，我建议你全力以赴为一个愿意出钱雇你干活的人去干活。为了使你的劳动获得相当好的报酬，我答应你，从现在起，你劳动每得一元，我就另外再给你一元。这样，如果你每月做工挣10美元，从我这儿你就可以再得到10美元。”

“你说我如果肯借钱给你，你愿意把你的土地转让给我，如果还不了我的钱，就放弃土地所有权。胡说！如果你目前有了土地还不能以此为生，没有土地又如何能生活下去？你一向待我很好，我也不愿亏待你。你只要听从我的劝告，就会发现它对你的价值比80美元的80倍还要高。”

这封信充分体现了林肯对待家人的关爱和坦诚。

作家歌德说，家庭和睦是人生最快乐的事。一家人能够互相关心、真诚相待、密切合作，家庭就会成为孩子们温暖的港湾。

也有人说，家庭是培养感情的第一所学校，只有在那些具有真诚、温暖、互相信任和互相尊重的情感的家庭里，才会有诚挚的气氛。林肯从小就与家人坦诚相待，全家人相处融洽，这对于他后来发展事业走向成功是大有助益的。

你想成为一个快乐、成功的人，那么，你从小也要学会关心兄弟姐妹，与他们多交流，以增进亲情，从而和睦相处，其乐融融。

学以至圣人之道

男孩只有时刻正心克已，必先明之于己心，具有良好的道德约束力，然后才能达到“置身养性”。人生中的大智慧，也正是有此做奠基，才能达到一定高度。

程颐小时候聪明好学，曾和哥哥程颢一起，舍弃科举机会，投在周敦颐门下学习。他博览群书，经书、子书无不精研，成为当时有名的学者，与其兄程颢并称为“二程”。

程颐认为学习必须有远大目标，即“学以至圣人之道”。认为圣人可学，而且能够达到圣人的境界。他在游太学时说：天地储藏精气，得五行之秀者而生人，其本原真诚而安静；在没有发展生成以前，就已具备了仁、义、礼、智、信这五性；形体生成以后，由于外界事物触碰形体而动生于其中，其中动而生喜、怒、哀、乐、爱、恶、欲这七情；七情激荡而伤其性。所以，觉悟的人约束七情使其合于中，正其心、养其性；愚昧的人就不知道这些，纵其情而至于邪僻，桔其性而至死亡。然而求学之道，必须先明之于心，知道怎样养性，然后身体力行以求达到目标，就是所说的“自明而诚”。

程颐认为“自明而诚”之道在于“信道笃”、“行之果”、“守之固”、“仁义忠信不离于心”。就是要求学者无论做什么事都不忘“仁义忠信”，只有这样，才不会有邪僻之心产生。程颐赞成古人颜渊“非礼勿视、非礼勿听、非礼勿言、非礼勿动”的克己思想，同时又指出颜渊墨守成规而不能化之的学习方法，是达不到圣人境界的主要原因。但他认为像颜渊这样有好学之心的人，如果不是早卒，时间长了也能达到化境（指达到一定精深的程度）。

程颐认为颜渊以后的人们之所以达不到圣人境界，就是因为不懂圣人可学的道理。他们认为圣人是生而知之，不是可以学成的，所以失去了为学之道。一些人不求之于己而求之于外，以博闻强记、巧文丽辞作为学习方法，是难以达到“圣人之道”的。所以，程颐一生严格要求自己，一言一行，都以圣人为师表，无论为人还是治学，不达圣人境界决不罢休。

珍视友谊

真挚的友谊建立在相互理解、相互信任的基础之上的，真挚的友谊充满诱人的芬芳，令人终身受益。

在明代的时候，徐光启和利玛窦的故事被人们传为佳话。这两位中外科学家真诚相处，友好合作，为人类做出了重大贡献。

徐光启是我国明朝时期著名的政治家、科学家，他对天文、立法、农业等都有很深的研究。利玛窦来自意大利，师从著名的数学家克拉维乌斯学习天文历法。他在明朝万历年间来到中国，做了一名传教士，他对中国的文化非常感兴趣，很快就成了一个“中国通”。

徐光启从小就对农学和数学非常感兴趣，他希望自己能利用科学技术，为天下百姓造福。有一次，他听到了关于利玛窦的情况，非常敬佩他的才华和学识，便专程去南京拜访。利玛窦对徐光启也早有耳闻，他也非常敬佩徐光启。后来，利玛窦去了京城，被允许在京城传教，这样，两人就有了更多的见面机会。很快，他们成了无话不谈的好朋友。徐光启为了向利玛窦学习科学知识，就和利玛窦吃住在教堂里。他们一起翻译了欧基里得的《几何原理》，将欧洲的数学理论介绍到了中国。

徐光启和利玛窦交往密切，引起了一些保守派人士的批评和刁难。有一次，礼部侍郎沈催写了一篇文章，含沙射影地说朝廷里有人听信传教士的“胡言乱语”，成了别人的“宣传工具”。他还在文章里提出，应把西方传教士赶出去。当时徐光启在翰林院专门负责给皇帝起草诏书，他见了这篇文章非常生气，就马上上书给皇帝说：“这篇文章虽然没有指名道姓，但是，满朝文武谁不知道我跟外国传教士有来往？我跟他们在一起是研究天文、立法、水利，不是为了个人私利，而是要将他们的知识介绍过来，为天下黎民百姓造福。”由于徐光启光明磊落，皇帝没有怪罪他，还特意提拔他做了礼部侍郎。

徐光启最大的贡献就是和传教士们合作修订了《大统历》。元朝大学者郭守敬曾编写了《授时历》，后来使用中误差越来越大，于是朝廷决定重新修订立法，让徐光启负责。当时利玛窦已经去世了，徐光启就带领一些天文学家和另外几个传教士，认真观察，精确计算，终于完成了立法的修订工作。我们今天用的农历，就是当年徐光启主持修订的。友谊之花终于结出了硕果。

法国著名的化学家弗莱米和学生摩尔生也有着深厚的友谊。

两位科学家都在进行提炼氟元素的科学研究。弗莱米首先研制成功了氟化氢，可他却无法进一步提炼出氟。而他的学生摩尔生却用不同的实验方式成功地提炼出了氟，并送往法国科学院审查。科学院却派了弗莱米和另外两位学者组成了委员会审查摩尔生的成果。这时，许多议论传进了弗莱米的耳中：“弗莱米一定很难过，他活了大半辈子，想发现氟，最后却被他的学生抢了先。”

许多好事者都等着看弗莱米怎样收场：“这下有好戏看了，弗莱米绝不会让学生超过自己的。”弗莱米对这些议论置之不理。他们来到摩尔生的实验室，听完了摩尔生的研究报告之后，同意他演示自己的研究成果。没想到的是，时间一分一秒地过去了，直到最后，摩尔生的实验却失败了，因为一个氟的气泡也没有出现，摩尔生急得满头大汗也无济于事。其他两位委员失望了，弗莱米却坚持让摩尔生第二天再进行一次实验。他一点儿也没为自己的面子考虑，反而替摩尔生忧虑，他诚恳地安慰这位年轻的化学家：“孩子，不用着急，没关系的，我们明天再来看你的实验，你一定会成功的。”第二天，实验成功了，摩尔生提炼出了氟元素。摩尔生和大家都明白，实验的成功是建立在弗莱米的研究基础之上的，所以，所有的人包括摩尔生都替弗莱米惋惜，有的人竟然认为，他们师生以后的关系恐怕不会再像以前那么融洽了。但弗莱米却高兴地说：“看到自己的学生能比自己强，是我最大的快乐。青出于蓝而胜于蓝嘛。”

真正的朋友值得你用一生相守，真挚的友谊值得你用一生追求。尊重你的朋友，信赖你的朋友，爱护你的朋友，珍惜你的朋友，你们的友谊才能长久。

友谊对每个男孩来说都是不可缺少的，如果没有友情，生活就不会有悦耳的和音，在没有友谊和仁爱的人群中生活，那种苦闷正如一句古代拉丁谚语所说：“一座城市如同一片旷野。”人们的面目淡如一张图案，人们的语言则不过是一片噪声。

多创造与人结识的机会

多多地与人相识，在某种意义上，就等于拥有了一笔无形的、巨大的财富。做事时有人照顾你，困难时有人帮助你。以此为资本，你的人生道路就有可能顺风顺水，不断发展。

“尽量多结识朋友”的意识平时就要养成，特别是在日常生活中，很有必要培养自己的结交意识。以备不时之需。当有人把友谊之球投掷过来时，好好接住，并回掷过去，是做人的基本品德。平时要不断寻找机会与他人沟通交流，哪怕你现在没有事情求助于人，也要经常进行情感投资，巩固你们的关系。

任职于贸易公司的业务员小王，总是把他的客户细心分类编排，按时间、地点与生意上的往来，随时邮寄明信片，表达各种不同的信息，让客户时时注意到他的存在，感受着他的关心。这让他和客户的关系总是保持着和谐的状态。

法国有一本名叫《小政治家必备》的书。书中教导那些有心在仕途上有所作为的人，必须起码搜集20个将来最有可能做总理的人的资料，对他们的兴趣、好恶、性格都得一一记在心上。然后有规律地、按时去拜访这些人，和他们保持较好的关系。这样，对你必然有益无害。打造一张关系网最大的好处是，你可以因此拥有许多机遇。

在一家公司的领导换任时期，需要配备秘书，在多人跃跃欲试、趋之若鹜的情况下，周蒙被选中了。原因就在于这位领导委托自己的一个下级陆某为自己物色秘书，而陆某和周蒙是同学和好朋友，他们都是东北师范大学汉语言文学系93届毕业生。陆某认为，周蒙肯定能胜任秘书职位，于是就把这个同学推荐来了。结果，领导满意，组织考察合格，正在为前程茫然奔波的周蒙更是欣喜若狂，因为他找到了自己适合的位置。如果不是陆某，周蒙也许连应聘的机会都没有。相交之初，也许他想不到这个朋友会对他的成功起到至关重要的作用，也许他们之间彼此进行交往的时候，没想到这种交往会创造一个人成功的机遇。从这个意义上说，交往越广泛，机遇就越多。当然，不可急功近利。有许多机遇是在交往中实现的，而在初步交往中，人们很可能没有看到这种机遇。在这个时候，不要因为没有看到交往的价值，就忽视这种交往。谁知道与谁的交往会带来什么样的机遇呢?

有的男孩可能会觉得自己社交面太窄，认识的人太少。实际上，你的“关系网”远比你意识到的要广大得多。你实际拥有的人际网络延伸到了你每天都有联系的人之外，更多的联系包括你与之共同工作和曾经一同工作过的人们，以前的同学和校友、朋友，你整个大家庭的成员，你遇到过的孩子的父母，你参加研讨会或其他会议时遇到的人，这些人都会是你的人际网络成员。你的人际网络成员还包括那些你在网络中认识的人，以及与他们有联系的人。只要你能努力处理好与他们的关系，你也一定会找到成功的机会。

总之，交往越广泛，遇到机遇的概率就越高。有许多机遇就是在与朋友的交往中出现的，有时甚至是在漫不经心的时候，朋友的一句话、朋友的帮助、朋友的关心等都可能化作难得的机遇。在很多情况下，就是靠朋友的推荐、朋友提供的信息和其他多方面的帮助，人们才获得了难得的机遇。所以，要珍惜你的朋友，以诚相待，既要积极结识新朋友，又要时时不忘老朋友。

没有一个男孩能仅凭借自己的力量达到事业的顶峰。所以，从现在开始，你就要努力地培养人缘，吸收大量对你有帮助的人和资源，构建有助于你的事业的关系网。

学会与老师相处

人的一生有十多年是在学校度过的，与老师自然会结下不解之缘。一个学生受老师的影响有多大呢？这取决于师生的关系，学生的态度，老师的学识和教育的方法等。

老师本就是正常人，你也可以和他们称兄道弟，你取得成绩，他一样会为你高兴。把老师当成朋友来对待，在街上或学校里碰到了，高兴的打声招呼；在平时枯燥的课业中，可以和老师开一些无伤大雅的玩笑，既可以调剂无聊的生活，又可以让你交到一个朋友，这样不是很好吗？

有一位老师说得很有道理，在学校里学习知识是第二位的，学习做人才是最重要的。这点，或许走进社会的男孩深有体会。如果你觉得你和老师的关系是一个很难逾越的障碍，那么你就要想办法克服这个障碍，从中获益，让自己有质的飞越。

老师要对孩子负责，要管教孩子，当然有时也就会误解孩子，与孩子产生一些矛盾。在这种情况下，男孩应正确对待老师的误解，并积极化解彼此间的误会，不要让误会愈演愈烈。

老师与孩子之间产生误会、矛盾的时候，父母就应该起到一个“灭火器”的作用，让孩子学会理解老师，避免感情用事，并与老师加强沟通，及时消除误会。

辰辰是初中二年级的一个男孩，性格挺好，学习成绩也还不错。有一位严厉的数学老师，一直对他不错，可是有一天上课的时候，辰辰不小心把书桌上的一本书碰掉在地上，辰辰连忙弯腰去捡书。结果又不小心把另一本书也碰到了地上，教室里立刻响起了一片笑声。数学老师紧绷着脸把辰辰叫了起来，让他回答问题，由于紧张，辰辰结巴了半天也没回答出来。老师生气了，让辰辰离开教室。听到教室的门“哐”一声关上后，走廊里的辰辰惊呆了，难道自己这么令人讨厌，老师竟然把自己赶出教室，不让听课！自己平时又不是差等生，为什么要受到这样的惩罚？初二的男孩也是大孩子了，竟然撞上这种丢人的场面，辰辰痛苦地流下了眼泪，连书包都没拿便回了家，向爸爸哭诉了一切，甚至还要爸爸给他转学。

辰辰的爸爸听完儿子的哭诉后，认为这个问题虽小却很严重，处理不好就会影响辰辰的学习态度。于是考虑了一下后劝导辰辰说：“我知道你现在觉得很委屈，但爸爸还是劝你冷静一下。你说要转学，我们先不说能否再找到一个适合你的学校，即使你真转学了，也是带着不愉快的记忆，你也会觉得很难再面对现在的同学和朋友了。所以，逃避不是办法，我们还是来解决眼前的问题吧！老师误解了你，你很生气，但你也要为老师着想一下，你看教室里那么多学生，老师又不是神，根本没办法对每个同学每一件事都处理得公平合理。况且这个老师以前对你不是很好吗？我相信她一定不是故意针对你，说不定她现在也在后悔不该对你火气那么大呢！”辰辰终于冷静下来，可是他还是有疑虑：“可我再见她说什么呀？”爸爸笑了：“这么聪明的儿子还不知道吗？解释啊！误会是可以解开的。”第二天，辰辰在走廊里遇到了数学老师，他紧张地走上前去，解释自己昨天并非故意扰乱课堂秩序，结果，老师有点不好意思地笑了，并承认自己确实误会辰辰了，还让辰辰放学后等一会儿，把耽误的课补上，一场误会烟消云散了。

这位父亲运用“劝和计”化解了师生间的矛盾。在师生交往中，出现些误解、矛盾是常事，但要记住，小摩擦处理得好，可以“化干戈为玉帛”，处理不好，就会留下“隐患”。因为学习的事，师生间出现些误解，父母要让孩子站在老师的角度设身处地地想一想，老师是不是故意地站在自己的对立面，自己的言行有没有什么误导。通过互换位置理解，就会认识到，班级里那么多的同学，老师要想真正做到有的放矢地进行教学和教育工作也是很困难的。他们对问题的判断也不一定就准确无误。师生间出现些暂时的误解，学生应本着有理让人、无理认错的态度，这样才能真正地改善师生关系。

总之，学会与老师相处是很重要的一课，对于在校的男孩来说，与老师相处好了，你不但可真切感受到象牙塔的温暖，更会为日后的成功打下坚实的基础。

真诚关爱他人

人如果只顾自己，只为自己打算，那么在人际交往中，就没有吸引他人的磁力，就会使别人对他感到厌恶，自私、卑鄙、嫉妒都不能赢得人心，还会处处不受欢迎。

鸡和狗在一起闲聊。

“我真的不明白为什么主人这么喜欢你？”鸡似乎心里有些不平

衡，“我对这个家也不是没有贡献。我几乎每天都会为主人生下一个白生生的鸡蛋，可是你呢？你基本上什么都不干，只知道冲主人撒娇。你的那套小把戏一点实用价值都没有，可是主人就是喜欢你这样……唉，主人太没有眼光了。”

狗用力地摇摇头：“不！事情可不是你想象的那样！虽然你每天都生蛋，但是你生蛋后总是叫个不停，就会让主人觉得你想以此换取食物，因而，你的付出就有功利的成分，而不是出于真诚。”

鸡听得目瞪口呆，继续问道：“那你的小把戏就是发自肺腑的吗？我看也不见得！”

“虽然我不能为主人做什么实际的事情，但是我总是竭尽所能逗主人开心。他回家晚了我会焦急地等待他回来；他生病的时候，我也会黯然神伤，静静地守候在他的身旁；即便是在他最贫困的时候，无法给我充足的食物，我也不曾因嫌弃他而离开他。我对他的所作所为完全是没有私心的，主人又怎么会感受不到呢？他感受到了又怎么会不感动呢？那他对我好也就是自然而然的事情了！”

刚说完，主人又在亲切地呼唤狗，打算牵它出去散步。

狗能得到无数人的喜欢，这多少能给我们一点启示——真诚地关怀别人就能获得别人的喜欢。是的，狗对人类友善绝不会藏有任何附加的动机，它付出的关怀完全是因为它喜欢你，它关心你，即使你再穷，甚至有时你生气了拿它出气，它也不会因此怀恨在心而离开你。在人际交往中也是如此。你与他人的关系越亲密，你付出的爱越多，你们之间的感情就越深厚。可见，真诚的关爱能敛聚多少人气啊！做到真诚关爱他人并不是很难，最基本的做法有以下几点：

（1）说话不要“拐弯抹角”

在和朋友交流的过程中，即使你和对方的意见、看法不一样，也不要隐瞒和矫饰，更不要随声附和，或者“拐弯抹角”。因为，这样不仅不利于和对方顺畅地沟通，还会给人一种不诚实和生分的感觉。

纵然是在指出朋友缺点和批评朋友过失的时候，也应该真诚而明确地指出来，这样不仅不会伤害对方的感情，反而有助于增进友谊和加深感情。

（2）赞美但不要奉承

当朋友事业有成或者有什么高兴事时，可以在适当的场合和时间给予真心诚意的祝福和赞美，并与之共同分享快乐，但是千万不要认为所有的好听话都会受到欢迎。其实，一个人真正想从朋友那里得到的是善意的忠告，而不是华而不实的恭维话。很多人就是从别人说的话中来判断是否能和对方成为朋友的。

（3）安慰并给予实际的帮助

当别人遇到困难的时候，给予亲切的安慰和实际的帮助更能体现出一个人的真诚。当对方心情不好或者遇到麻烦的时候，如果你说的既不是安抚和宽慰对方的话，也不是帮助对方解决问题的建议，而是一些不着边际或者无关紧要的话，那别人肯定会觉得你是一个“事不关己，高高挂起”的冷漠者。你怎么对别人，别人也会怎么对你。从此以后，你就不要指望别人会真诚地对你了。

（4）站在别人的角度上思考问题

不要只想着从别人那里得到关怀，应该多为别人考虑。在你说一句话、做一个决定、做一件事情的时候，要尽量站在别人的角度上思考一下，顾及别人的感受，衡量别人的得失。只有这样，你才不会伤害别人，别人也会因此对你心怀感激，把你当做好朋友。已故的维也纳心理学家爱佛瑞·艾德纳，在其著的《人生真义》一书中就曾说过：“只有不懂得关怀别人的人，其生活才会面临真正的痛苦，甚至伤及他人。人类之所以充满失败，正是由此种人所造成的。”

与人交往，如果你能处处表现出关爱别人的精神，乐于助人，那么就能使自己犹如磁石一般，吸引众多的朋友。而一个只肯为自己打算的人，会到处受人鄙弃。

要让爱成为最强大的武器

爱有时会超越金钱，超越世俗，让整个世界都温暖起来！也许你遇到的一件事情或者一个人，都会给你的心灵以触动，都会让你的心灵起波澜。珍藏这些感动吧，让自己成为传递这些爱的媒介，将这些爱传递给下一个需要帮助的人。

婷婷的家在一个偏僻的小山村里，每天上学要走两公里的路，所以天不亮就要起床，日落西山才能到家。每到冬天，寒风刺骨地吹着，等到了家，她往往已经被冻得浑身僵硬了。而这一切都在去年的夏天有了改变。

张昊是婷婷村客运公司的司机，去年五月，他开着长途客车赶往城里。车刚好在婷婷的村子坏了，婷婷的爸爸帮他修了车，还留他住了一晚。第二天一大早，婷婷搭着张昊叔叔的顺风车上学，还带上了好几个同学。在路上聊天时，张昊知道了他们的情况。

意想不到的事情发生了，第二天一大早，张昊又准时出现在他们村口，并让婷婷叫上其他孩子，一起坐他的车上学。从那天起，这辆客车就成了他们的专用校车。他每天免费接送村里的孩子上学和放学，自己也因此而每年少赚了七八千元。

有一次，婷婷在车上跟他聊天，他对婷婷说："你们这些农村孩子上学、下学真不容易呀，起床这么早，又要赶这么远的路，我能做的就只有这些了。”起初，张昊的家人不理解他。“这不是傻吗？车上本来就只有二十七个座，每天还要拉着这么多学生，有个磕碰的，怎么办？钱还挣不挣了？”张昊对此的回答很朴实：“就是看着孩子们可怜。”

张昊一家五口人，包括儿子、儿媳、孙子在内都住在五十平方米的单位宿舍内。而他自己，双手粗糙，衣着简朴，一双旧皮鞋上满是泥巴。因为他每天晚上必须在村里住一宿，村委会特意把一间办公室腾出来，留给他当宿舍。晚饭时，村民谁家做点好吃的，都抢着拉张昊去吃。不时地，村民还送给他点家鸡、鸡蛋什么的，并且称他为“活雷锋”。

去年春节，村里组织开了个联欢会，张昊在会上讲了一番感人肺腑的话：“我小的时候，正好赶上学雷锋的热潮，对我的教育不小。后来，我当过兵，也当过船员，干过工厂的内勤，接触了不少穷苦的人，特别是有好多人曾经帮助过我。在我小时候，我的邻居们就经常照顾我，有时我家大人没有在家，邻居们就带我上他家吃一口饭，有时看我拿东西多了，就帮我分担一点。尤其是车辆承包后，起初我开的是大车，但是大车成本太大了，公司又借给我钱让我换了辆小车。”

“最让我难忘的是，那年我刚开到村头，就听到鞭炮声响个不停，村主任拿着一朵大红花，把它挂到了我的车前。并说，你以后就是我们村里的人了，有啥事吱声。第二天走的时候，村里所有的摩托车都开出来了，在前面给我开道。我一辈子从来没有见过这种场景，我一边开车一边流泪，心想，这里的乡亲太好了，我一定要报答他们！”

张昊的举动得到了村里全体村民的赞许和肯定，只要人间充满爱，只要我们每个人都存有感恩之心，这个社会就会更加和谐、美好！

爱是一盏灯，照亮别人也温暖自己，捧一颗爱心上路的男孩，一生都将生活在爱里，爱是一种非常美好的人生情感，像花开，美丽给别人，自己也结果实，为何要隐藏在心底？奉献爱心，去爱每一个人，这是每个男孩都很容易做到的事，一句话、一个微笑、一束花就够了，这时我们并不损失什么，却可能因此帮助别人走出困境，同时也美丽了自己的一生。

真挚的友情是事业成功的助动力

人的一生中，需要很多朋友，也需要几个志同道合的挚友，他们是我们的人生寄托，更会对我们的前途产生极大的帮助。

在卡耐基的一生中，友谊是其生活的重要组成部分，他说："如果没有友谊，我就无法活下去。"

卡耐基共结交了三位挚友：赫蒙·克洛依，法兰格·贝克尔和罗威尔·汤姆斯。

赫蒙·克洛依是来自卡耐基故乡玛丽维尔的作家，自幼就聪明过人，还在小学时代，就在《哈里》杂志上发表过文章，也算是小有名气。

卡耐基和他都是从玛丽维尔走向纽约的，但赫蒙·克洛依似乎更幸运些，他在《圣约瑟夫报》、《圣约瑟新闻》担任记者之后，找到了一个最适合他的职位——巴特瑞克出版社杂志编辑欧多干的助理。

刚开始时，他们两人并没有什么交往，在一次偶然的度假中，卡耐基遇上了克洛依，两人交谈起来，讲述了各自在纽约的奋斗经历。

卡耐基在和克洛依的一系列交往中，逐步建立起了深厚的友谊，成为一生的挚友，关系一直持续到卡耐基逝世。

两人都有共同的兴趣爱好，喜欢旅游，而且还经常一同出去游泳。

一次游泳中，克洛依问卡耐基：

“亲爱的戴尔，为什么不尝试写作呢？”

“我正在积极地准备”，卡耐基兴奋地回答。

从此，卡耐基提起了笔，下定决心进行创作，在卡耐基一生的畅销书创作中，克洛依的帮助功不可没。

卡耐基对克洛依在他成功道路上起的作用非常感谢，为此，他特意在《影响力的本质》一书的扉页上写了一段话赠给克洛依，他写道：“让我以最高的名誉把此书献给我最尊敬、最重要、最诚实的朋友。”

法兰格·贝克尔曾是卡耐基的学生，他们的友谊是在卡耐基培训班上开始的。

对于卡耐基来说，贝克尔简直就像是位明星学生。因为他从卡耐基课程毕业后，其事业蒸蒸日上。

贝克尔用他的实际行动来证明卡耐基理论的高明。

为了表示对卡耐基课程的支持，他特别希望能帮助那些处于贫困或者事业无法拓展的人们。因此，他也成了卡耐基家中的常客，因为他永远记着卡耐基对他的帮助。

他们的洲际旅行演说也获得了空前的成功，在每个州的演说中，会堂都坐得满满的，大家都争先恐后地去听卡耐基和贝克尔的讲演。

每次讲演后，听众们总是渴望与卡耐基进行直接的交流，而有些则非常崇拜贝克尔，因为他是从一无所有到拥有百万财产的成功典型。

通过这位全美最佳行销人员的大力推荐，确实有助于卡耐基的教学发展，而且从贝克尔的见地中，卡耐基也学到了很多新的知识。

而与罗威尔·汤姆斯的交往之始，完全出于偶然。

汤姆斯在普林斯顿大学时，为了赚取一些零用钱，接受到普林斯顿一带的地方俱乐部及社区中介绍去年夏天访问阿拉斯加时情形的报告。

汤姆斯为了完成任务，为即将来临的讲演做准备，决定去纽约拜访卡耐基。他们两人合作组织的演讲取得了轰动性效应，从此以后，卡耐基和汤姆斯成了好朋友。

当汤姆斯雄心勃勃地想以一种兴奋、乐观、激动的表达方式发表题为“与爱拜斯在巴勒斯坦及阿拉伯的劳伦斯”的演说时，在他脑海中涌现出的第一个人便是戴尔·卡耐基，这个曾经帮他获得巨大成功的真正朋友。

接到电报后，卡耐基略作准备，便匆匆地收拾行装奔赴伦敦。

终于，功夫不负有心人，首场演讲获得了轰动性的成功，伦敦的新闻界整天都对此进行报道。

这是卡耐基演讲中一次新的尝试，他心甘情愿地做朋友的助手，帮助朋友的事业取得成功。

初次的成功给他们带来了极度的喜悦。他们开了一个小小的庆功会，汤姆斯端着一杯酒对卡耐基说：“为我们的友谊而干杯，为我们的事业成功而干杯！”卡耐基举杯回祝。

以后的演讲吸引了越来越多的听众，他们成群结队地前往皇家阿伯特尔大厅，甚至也有不少人从英国的其他城市赶来观看演讲。

演讲任务完成后，卡耐基满怀喜悦地返回纽约。

对卡耐基而言，他对友谊的感受是非常深刻的，而他对增进友谊也是全身心地投入的。

如果一个人孤独地在社会上生活，身边没有一个能够信赖的朋友，他的事业是肯定不会成功的。

卡耐基事业的成功固然与他自己的艰苦奋斗分不开，但是，如果没有这些挚友的支持和帮助，卡耐基的成功就不会如此辉煌。

古人曰：“有朋自远方来，不亦乐乎！”“最难风雨故人来”，都道出了朋友间所凝聚的真情厚谊，反映了他们肝胆相照、充满真情的交往过程。可以说，充满真情、以情暖人是交友说话打动人心的要素，是赢得知心朋友的重要所在。

用爱心托起明天的太阳

在人世间，爱是非常重要的情感。对一个孩子来说，父母的爱犹如孩子明媚的天空。除此，我们要明白，即使失去了父爱或母爱，世上还有其他的爱，它同样会给人温暖，这种爱更需要我们去发现和珍惜。

但丁很小的时候，母亲不幸离开了人世，父亲忙于商业上的事情，很少有时间关心他的生活，就给他请了一位著名的学者拉丁尼当老师。

此后一段时间，但丁出现了一些反常的行为——他不喜欢和别人在一起，只喜欢一个人孤零零地待着；他原来爱说爱笑，却逐渐变得少言寡语，不与别人玩耍。即使他父亲想从他身上得到些往昔的温情，也是难上加难。但丁面对父亲也从来不主动说话，父亲问一句他才简单答一句。

拉丁尼老师发现了这个问题，开始上课时，他还以为这个孩子不善于表达，当他提出问题时，但丁总是睁大眼睛看着老师，却一句话也不说。逐渐地，老师了解到他家里的情况，才明白但丁是由于母亲去世伤感而变成这样的。于是拉丁尼开始对他采取一种特殊的教学方式，他想让孩子感受到爱，让孩子说出自己的心里话。

有一天，拉丁尼轻轻地摸着但丁的头，并不多说话，只是慈祥地看着他。但丁等了一会儿，见老师不讲课也不说话，感觉有些奇怪，他抬起头望着老师，正好遇上老师和蔼可亲的目光，这目光和妈妈的目光一样慈祥，但丁的心里不由得一动，好像有股暖流涌入了身体。可他习惯了不开口说话，于是又默默地低下了头。

老师见他这样，温和地说道："今天不上课了，我们到草地里去捉蝴蝶好吗？"

但丁是多么希望到草地去捉蝴蝶啊，记得妈妈在世时就曾经为他捉到过一只大蝴蝶，当时自己高兴得跳了起来。想到这里，他看着拉丁尼微微露出了笑容，并点了点头。

这是拉丁尼第一次看到但丁的笑容，他好像看到了希望。他牵着但丁的小手，来到了草地上。看着五颜六色的蝴蝶，但丁很高兴！他一会儿追这只，一会儿又去追那只，自由自在地在草地上与蝴蝶追逐着，好像一下子忘记了内心的忧愁，小脸颊上也露出了往日没有的红润。

但丁每捉到一只蝴蝶，总是要高兴地跑到老师身边，让老师看一看他的"收获"，然后又高兴地跑去再捉。老师在一旁欣慰地看着但丁，他深深地感到"爱"对于一个孩子来说是多么重要！

但丁跑得太累了，也想和老师说说话了，他在老师身边静静地坐了下来。老师仍然微笑地看着他，问道："孩子，今天高兴吗？"

"高兴！高兴极了！"但丁毫不迟疑地回答。

"那么你平时怎么不爱说话呢？"

"妈妈不在了，没有人再爱我，爸爸根本就没有时间管我。"他说着又伤心地低下了头。

"可是你不说话，不是更难受吗？以后有什么不开心的事可以跟老师说一说，好吗？"

但丁点了点头。从那以后，他再也不像原先那样低头不语了，心里有什么话就说给老师听，性格也开朗了起来，学习进步很快。拉丁尼越来越喜欢聪明懂事的但丁，但丁也把老师当成自己的父亲，见到老师心里就有一种非常温暖的感觉。

但丁从孤僻变得开朗活泼了，也变得自信了。他把更多的精力投入到读书中，不到10岁，他就读遍了古罗马大作家维吉尔、奥维德和贺拉斯等名家的作品。18岁时，他已经成为一个知识非常渊博的人了。尽管在这一年，但丁的父亲又不幸离开了他，可是在但丁的心里，他早已种下一棵阳光明媚的种子，他不再感觉愁苦了。

他知道在这个世上，除了父母的爱，还有更多人的爱。他不会被再一次失去亲人的悲伤击倒了，他选择了坚强地面对不幸，并用自己的爱点燃别人心中的火种。经过日复一日的努力，若干年后，但丁终于摘取了文艺复兴时期意大利最著名诗人的桂冠。

感恩对手让我在竞争中成长

哲人爱默生说：“要想有朋友，自己必须先够朋友。”高尚的人是不会因朋友在学习或事业上有好的成绩而感到烦恼甚至心怀嫉妒的。同学之间，在某些方面是竞争对手，但在生活里也可以是好朋友。

瑞典著名化学家、硝酸甘油炸药发明人阿尔弗雷德·伯恩哈德·诺贝尔在读小学的时候，成绩一直名列班上第二名，第一名总是由一个名叫柏济的同学获得。

有一次，柏济意外地生了一场大病，无法上学就请了长假。有人私下为诺贝尔感到高兴，说："柏济生病了，以后考试班上的第一名就非你莫属了！"诺贝尔听了并不因此而沾沾自喜。放学后，诺贝尔将他几天来在校所学的内容，做成完整的笔记，寄给了因病无法上学的柏济。到了学期末，柏济的成绩又赶了上来，在班里还是排名第一，诺贝尔则依旧名列第二。

诺贝尔长大之后，致力于炸药的研究，在硝酸甘油的研究方面取得了重大成就，并在欧美等五大洲20个国家开设了约100家公司和工厂，积累了巨额财富。

1896年12月10日，诺贝尔在意大利逝世。逝世的前一年，他留下了遗嘱。在遗嘱中他提出，将部分遗产（920万美元）作为基金，以其利息分设物理、化学、生理或医学、文学及和平奖金，授予世界各国在这些领域对人类作出重大贡献的人。据此，1900年6月瑞典政府批准设置了诺贝尔基金会，并于次年诺贝尔逝世周年纪念日，即1901年12月10日首次颁发诺贝尔奖。

因为诺贝尔的开阔心胸与乐于分享的伟大情操，使他不但创造了伟大的事业，还留下了后人对他的永远怀念。最后在历史上，大家都认识当年在班上总是考第二名的诺贝尔，却几乎没有人知道那个永远考第一名的柏济。

从诺贝尔的故事中，我们可以看出，诺贝尔的成功，绝非只靠他的聪明才智，更重要的是他的心胸、气度与乐于分享的情操。

诺贝尔与柏济在学习上是竞争对手，但在班上也是好朋友，他们能够和睦相处，特别是在柏济生病期间，诺贝尔把自己的学习笔记整理好主动邮寄给柏济。

适当表现你的友好是一种可进可退的竞争法则，也显示了你过人的风度。所以，不要让竞争对手看到你因愤怒而失礼的那一面。如果是那样，你在气势上就首先输给了对方。

竞争的方式并不仅仅有一种，软性的竞争有时可能更具说服力。祝福你的对手，你也可以获得同样的祝福。聪明男孩的竞争观念是建立在实力强大的基础之上的，而不是以拆对方台为手段来达到自己的目的的。

所以，要善待竞争对手，不要开列出一张长长的清单，要求他应该具备什么，但自己却很少照着清单去做。与竞争对手相互鞭策，相互勉励，可以使自己迈的步子更大。

聪明的男孩，并不只靠自身的实力，其实他们更懂得与人合作，善待周围的人，进而整合人脉资源，创造出更大的价值。换言之，成功不在于你赢过多少人，而在于你帮过多少人，你帮过的人越多，善待的地域越广，你成功的机会就越大。

没有爱，只能使人的心胸变得狭小

用爱去包容一切，用爱去对待每一个人。付出爱你将收获快乐，待人冷酷则会换来无尽的悲伤。因此，爱别人就是爱自己。只有学会爱人，我们才能携着爱侣迈过鹊桥，才能摘到友情的丰硕果实，才能尝到亲情的佳酿，才能在旁人的簇拥下登上理想的巅峰！

城里有一对冤家，一个叫加里曼，住在城的西头，是城里最有名的律师；一个叫理查德，住在城的东头，是城里最有名的法官。每当城里有什么案子，总是理查德负责审判，加里曼负责为人辩护。两人从来都是针尖对麦芒，你一言我一语，各不相让。长期下来，两人由于工作上的冲突逐渐演变成了个人的恩怨，最后竟如同仇敌一般。

加里曼和理查德在乡下都有土地，而且紧挨着，纠纷不断。两人在城里又都有店铺，加里曼开的是药店，打着救人性命的旗号。而理查德开的是棺材铺，专门做死人的生意。两个人就如同前世的冤家，在今世又重逢。

有一天，海外的一艘商船路过这里。从船上传出这样一个消息，说在离这里有9天路程的一个孤岛上，发现了一种新的树木，如果用它来做药材，能够使人起死回生；如果用它来做棺材，死人的尸体永不腐烂，而且面色红润，栩栩如生。

加里曼和理查德都听到了这个消息，两个人唯恐对方先得到，纷纷赶往码头，准备出海去买这种树。结果两人几乎同时到达码头。可是，两个仇人说什么也不肯坐在一条船上，两个人便坐在码头上“打起了”心理战，盼望着把对方耗走。

就这样，从日出等到日落，两个人谁也不走。而且都吩咐仆人回家取来吃的、穿的，甚至连被褥都拿来，准备夜战。

从日落又等到日出，两个人熬了整整一夜。眼看着码头上出海的船只越来越少，最后只剩下一条小船，两个人对望了一眼，无奈地登上这只小船。加里曼坐在船头，理查德坐在船尾，互不干扰。

小船起航了，驶向神秘的孤岛。小船行驶到第三天，海上起了大风暴，狂风裹着巨浪排山倒海般地向小船袭来。这汪洋里的一叶孤舟眼看就要倾覆了。这时，加里曼问水手，船的哪一头先沉，水手回答说，是船尾。加里曼兴奋地说：“我将看到我的仇人比我先死，死亡对我来说就没有什么痛苦了。”

而此刻，理查德也在问船尾的水手，船的哪一头先沉，那里的水手告诉他，船头先沉。

加里曼高兴地说：“如果能够看到我的仇人比我先死，我就不后悔出这趟海。”

两个人正说着，一个巨浪打来，小船骤然翻了过来，加里曼和理查德双双落入汪洋大海之中。

爱、希望和耐心是幸福之源。爱换来爱，爱让希望插上翅膀，使内心永远充满活力。爱即仁慈、宽厚；爱即坦率、真诚。一切美好的东西都源于爱。爱是光明的使者，是目标的引路人。爱是“照耀茫茫草原的一轮红日，是百花丛中的绚丽阳光”。无数欢快的念头都从爱的呼唤中款款而来。

忘记仇恨是爱别人、爱世界的一种方式，只要我们忘记仇恨，不刻意追求完美，我们就会从中发现自己喜欢的方面，从而拥有充实而美好的真实生活。